WHO ARE YOU WORK FOR

▶ 张艳玲 ◎ 改编 ◀

你在为谁工作

这是一本引导员工如何更好地工作，
更好地实现自我价值的书

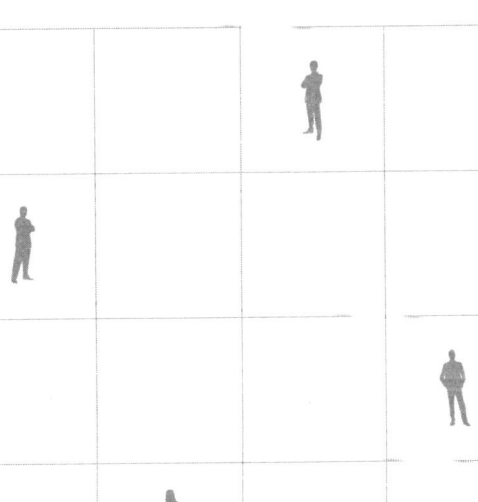

民主与建设出版社
·北京·

© 民主与建设出版社，2021

图书在版编目（CIP）数据

你在为谁工作 / 张艳玲改编 . —北京：民主与建设出版社，2015.9
（2021.4 重印）

ISBN 978-7-5139-0746-0

Ⅰ．①你… Ⅱ．①张… Ⅲ．①成功心理—通俗读物Ⅳ．① B848.4-49

中国版本图书馆 CIP 数据核字（2015）第 210159 号

你在为谁工作
NI ZAI WEISHUI GONGZUO

改　　编	张艳玲
责任编辑	程　旭
封面设计	天下书装
出版发行	民主与建设出版社有限责任公司
电　　话	（010）59417747　59419778
社　　址	北京市海淀区西三环中路 10 号望海楼 E 座 7 层
邮　　编	100142
印　　刷	三河市同力彩印有限公司
版　　次	2015 年 9 月第 1 版
印　　次	2021 年 4 月第 2 次印刷
开　　本	710 毫米 ×944 毫米　1/16
印　　张	13
字　　数	130 千字
书　　号	ISBN 978-7-5139-0746-0
定　　价	45.00 元

注：如有印、装质量问题，请与出版社联系。

前言 | PREFACE

不论你是否愿意,每天你都必须工作8小时甚至更多。有的人在工作中觉得时间飞逝,并从中得到了乐趣;有的人在工作的8小时里度日如年,牢骚满腹,备受煎熬。这不禁让我们思考这样一个问题:你在为谁工作?

也许会有许多人回答:"我在为老板打工,为上司工作,为公司卖命!"

但事实并非如此,每个人都在为自己工作。如果你始终都认为你在为别人工作,不能及时地调整自己的心态,那么,你很难在事业上有所成就。只有你自己认识清楚了,在工作中体现出自身的价值,才能为公司创造业绩,才能实现自己的伟大理想和抱负。

这个时代生活节奏空前的加快,就业竞争日益激烈,在这样的情况下,我们如何才能保住眼前的这份工作,如何升职加薪并得到老板的赏识、同事的认可,这是每一位职场中人必须考虑的问题。

人这一辈子最重要的一点就是要对自己负责,做好自己。让自己改变,让自己的能力在努力工作中不断提升,让自己做得比别人更好,让自己为公司创造更多的业绩,这样才能显示出你的与众不同,彰显你的价值。

一份工作就是一次机会,但很多人没有认清这一点。他们在工作中迷失了自我，找不到自我，只是被动的、盲目的、按照既定的规章程序工作，只关心工资的多少，从没有想到我为公司做了什么。他们认为工作就是为了老板，为了领导，为了公司。殊不知，工作除了让你获得工资外，还会让你得到更多的东西，比如增加社会经验、提高自身素质与修养、得到社会认可、体现自身价值……所以说，你是在为你自己工作！

本书结合现代职场中经常遇到的一些问题，精心编写，适合工作多年的老员工，更适合刚刚走上工作岗位的新职员，也许本书会让那些正在工作中郁闷的人们彻底明白这个富含哲理的问题——你在为自己而工作。

不要犹豫，努力工作吧，为自己工作，在工作中找到自己的位置，为自己的未来打下一个坚实的基础。你为此付出，得到的会更多。

目 录

前言 …………………………………………………… 1

第一章 为自己而工作

01 不要总想着"我在为老板打工" …………………… 2
02 怀着感恩的心去工作 ………………………………… 5
03 尊重自己的工作等于尊重自己 …………………… 8
04 今天努力工作是为明天不再找工作 ……………… 11
05 敬业是一种习惯 …………………………………… 14
06 工作是为了更好地生活 …………………………… 16
07 学会享受工作 ……………………………………… 19

第二章 让忠诚成为你的标签

01 忠诚是一个人的基本品格 ………………………… 26
02 你为什么还不是一个卓越的员工 ………………… 29
03 把你的忠诚献给公司 ……………………………… 32
04 工作中最忌"脚踏两只船" ………………………… 34
05 别把失败的责任往别人的身上推 ………………… 37

06　要有"一切责任在我"的担当 ……………………… 39
　　07　不为失败找借口 …………………………………… 43

第三章　勤奋是优秀员工必备的素质

　　01　业精于勤而疏于惰 ………………………………… 50
　　02　人生就是一连串的奋斗 …………………………… 52
　　03　要想比别人优秀,就要付出十分的努力 ………… 57
　　04　把专注工作当做自己的使命 ……………………… 61
　　05　靠诚实和勤奋,最终一定能迎来好运 …………… 63
　　06　踏踏实实地工作,切忌好高骛远 ………………… 67
　　07　努力,独立完成自己的工作 ……………………… 70

第四章　以积极的心态从事你的工作

　　01　有什么样的态度,就有什么样的人生 …………… 78
　　02　热情是工作的灵魂 ………………………………… 81
　　03　激情与成功有约 …………………………………… 85
　　04　调动自己工作时的积极性 ………………………… 89
　　05　自信是金,何时何地都会发光 …………………… 92
　　06　浮躁是工作中的绊脚石 …………………………… 98
　　07　勇于突破自我的束缚 ……………………………… 101
　　08　学会自制,学会宽容 ……………………………… 104
　　09　不做工作狂和工作的奴隶 ………………………… 110

第五章　好的方法是高效工作的指路明灯

　　01　抓住机会,掌握机会 ……………………………… 116
　　02　用最充足的时间做最重要的事 …………………… 122
　　03　不把今天的工作拖到明天 ………………………… 125

04　换个想法就成功 ………………………………… 129

   05　让乏味的工作充满乐趣 …………………………… 132

   06　休息是为了更好地工作 …………………………… 136

第六章　工作中无小事

   01　再小的事也要认真对待 …………………………… 140

   02　把细节落在实处 …………………………………… 144

   03　每一件小事都值得我们去做 ……………………… 147

   04　即使是最简单的事情也要做到最好 ……………… 149

第七章　把自己当做团队中的一员

   01　团队精神 …………………………………………… 154

   02　众人拾柴火焰高 …………………………………… 159

   03　处理同事之间的关系要把握好度 ………………… 163

   04　正确处理上下级的关系 …………………………… 166

   05　处理好和老板的关系 ……………………………… 169

   06　辩证地对待老板的批评 …………………………… 172

第八章　努力付出，终会得到回报

   01　在工作中实现自己的价值 ………………………… 178

   02　多做一些工作，不计报酬又何妨 ………………… 182

   03　做自己分外的事情，会受到机遇的垂青 ………… 186

   04　每天多做一点点 …………………………………… 188

   05　别把眼睛总盯在钱上 ……………………………… 192

   06　不计报酬，报酬会更多 …………………………… 196

第一章

为自己而工作

如果你认为你每天都是在为老板工作,那你就大错特错了!抱着这种心态工作,你永远不会成长和发展,也体现不出自身的价值,更谈不上干一番事业。树立为自己工作的心态,你的每一份付出和努力,都将得到或必将得到超值的回报。

你在为谁工作

01　不要总想着"我在为老板打工"

受中国传统的根深蒂固的思想文化的影响,大多数人自懂事以来就在被动地接受知识。所以,产生了一种为父母和老师学习、为老板工作的心理。为此,一遇到不满的情绪,就经常抱怨、发泄,甚至有些人想不明白时,就产生轻生的念头。出现这样的心理,根本原因在于我们凡事都有被动的心态。为此,我们要对那些即将毕业或是毕业多年还在找工作的学生说,抱着为自己工作的想法,才会找到工作。

有人调查采访过小学、中学以及高中的学生,问同样一个问题:你们每天这么辛苦地上学是为了什么呀?有不少学生回答,"我们的父母,我们的老师!"

等长大成人以后,走到工作岗位上,再问"你在为谁工作",回答则不尽相同。

第一种答案是:"老板让我们做的。"

这种人是最肤浅的。小时候,为父母、为老师学习;长大了为老板工作。试想一下,即使你不去为老板工作也会有别人去干,总会有人去做的。

第二种答案是:"为了每月那几千元的工资。"

这种人看似比第一种人明白了许多,不为别人而工作,为工资工作。要知道,钱乃身外之物,生不带来死不带去,每天就为那几十元钱活着,难道这值得吗?只有那些目光极为短浅的人,才为工资而工作,这样的人会有什么大的发展呢?

第三种答案是:"没有谁让我去工作,我只为我自己而工作。"

可以肯定他的前途至少比前两种人都会好。他对工作的重视与热爱,显示出他发展的巨大潜力。工作态度会对你的思想产生极大地影响。

第一章 为自己而工作

第一种为老板而工作的人,老板在时会认真地干活,老板不在时则是截然相反的表现。多么可笑啊!可是,在我们的身边确实有这样的人存在。

李敏在一家大公司任职,平时有老板在的情况下,从来都是特别认真地对待工作;可是如果老板不在,她就开始干别的事情了,不是打私人电话就是干私活,反正是不做本职工作。久而久之,老板也发现了她这样,不久她便被辞退了。

像李敏这类人是典型的为老板而工作,抱着这种态度,就很难有任何积极性和主动性。实际上,自从你进入公司的那一刻起,你的一举一动就在老板的视线里,并非你看不见老板,老板就看不见你。

还有这样一批人,总以为我是大学毕业,拥有本科、研究生甚至博士的学历,非要找一个与自己的学历相匹配的工作。于是,在大大小小的招聘会上赶场,每天奔波在求职的路上。眼见着自己的同学都已经在岗位上稳定下来,甚至小有成就,自己还不知道做什么呢。

你在为谁工作

杰克毕业于美国一所名牌大学,并获得了博士学位,却总是自认为工作岗位与自己的学历不相符,而未找到合适的工作。几年过去了,他还是像以前那样,不停地求职。最后,为了生计,他不得不从事大专生的工作,在一家制造开关的企业担任检验员,薪水比普通工人的还低。也许经过几年的求职打磨,他不再像以前那样整天抱怨、发牢骚,而是每天都在积极主动的工作。工作一段时间以后,他发现该公司生产成本高,产品质量差,他便不遗余力地说服老板推行改革以占领市场。

身边的同事都在笑他:"你看你的薪水比乞丐多不了多少,为什么要这么卖劲儿?"

他笑道:"我这样是为我自己工作啊。"

几个月后,杰克晋升为副经理,薪水翻了几倍,因为他的这个建议让企业的利润增加了几百万美元。

对待工作,有时只需我们改变一下思考问题的方式,便会豁然开朗起来。

意大利诗人但丁说:"走自己的路,让别人去说吧!"在工作上,我们不要太在乎周遭人的看法,虚心学习,努力提升自己,实现自身价值,不要和别人一样抱着"我是在为老板打工"的想法。

曾经在报纸上看到过大学生去当清洁工的新闻,有的人认为这是大材小用,还有的人借机发表言论说:"以后读书没有什么用了,看看我们的'天之骄子'都在打扫卫生。"

我认为对于大学生而言,这是一份有价值的工作,它可以培养不怕吃苦和敬业精神。做什么工作都是自己的事情,不要在意别人怎么说,我们不为他人活着,只为自己。

自己的人生自己策划,自己的命运自己把握。只要自己认为有意义的工作,就不必介意别人的说法。命运掌握在自己手中,握紧命运,做个自动自发、勤奋出色的人,绝不要因挫折而退却。人生是你自己的,只有自己去走,才会知道这条道路好不好走,只有自己尝过了,才会知道其中的酸甜苦辣。

记住:你是在为自己而工作。积极工作,享受人生,从工作中获取快乐与尊严,这才是有价值的人生。而且要相信:努力工作,就一定能获得回报!

人生寄语

我不是为了高薪的报酬,工作本身就是一种报酬。

——英国化学家 法拉第

02 怀着感恩的心去工作

随着科学技术快速的发展,当今社会许多的人工活动都被先进的机器代替了,再加上人口越来越多,对许多人来说,找到一份合适的工作非常不容易,所以你要感谢给你提供工作机会的机构、老板,不管这个机构本身如何,老板如何。因为只有你有了工作,你才能赚到一份工资。你赚到了工资,你才能过日子。你有了基本的生活保障,才可以去追求更大的发展。从另一个层次上说,你在工作中积累的经验、资历和智慧永远都属于你自己。在这个世界上,名声、地位、金钱、财富,别人都可以从你身边拿走。不管你有多少钱,它们都可能在一夜之间消失,但是你在工作中所积累的经验、资历和智慧,永远都是属于你的。所以,当我们第一天上班时,我们应该怀着一颗感恩的心,敬重我们的工作。

李刚毕业于北京一所著名的大学,法律系研究生。像所有求职的人一样,屡次被用人单位拒之门外。他跑遍京城大大小小的招聘会,许多单位都不愿意要这些刚毕业的学生,不是嫌他们没有经验,就是嫌他们志远才疏。就在他几乎要绝望的时候,他再次来到招聘会上,还是像以前那样,主动介绍自己。但这次他在介绍完自己以后,大胆地向用人单位鞠了

你在为谁工作

三个躬说:"谢谢您能听完我的介绍,谢谢您看完我的简历。"

李刚离开以后,用人单位觉得这个人很有礼貌,便在简历上作了标注。

没过多久,用人单位通知他第二次面试,他做了充分的准备去了。他没有穿什么高档名牌衣服,而是穿了一件干净整洁的衣服。复试的题目是5分钟自由演讲。他演讲的题目是《怀着感恩的心去工作》,他的演讲赢得了用人单位的一致好评。于是,李刚被聘为这家单位的法律顾问。

显然,当我们找到工作时,应该感谢自己的用人单位给了自己一个机会。只有这样,我们才会珍惜这份工作并努力做好它。

下面是一位刚毕业的大学生的真实感言,我们不妨感受一下。

"不知道是不是苍天垂青于我,还是我命好,让我没有遭受找工作的奔波之苦,一毕业就有了一份不错的工作。我想我得好好地感谢他们,感谢给我帮助的那些人。"

"刚到工作单位,我就每天早上第一个到单位,晚上最后一个走,甚至休息的时间还在加班。当然并不是公司要求我加班,是我自己知道自己要努力,不努力就不会有成绩,就不会给公司创造业绩。这样的话就对不起帮助过自己的人,更对不起公司的领导。其实,我从内心里非常感激公司的领导,是他们给了我这次机会,如果不是公司选中了我,说不定现在的我也在人才市场里拼命找工作呢。为了这份感激,我必须努力工作,争取在最短的时间内熟悉公司业务,提升自己的能力,为公司创造业绩。"

求职的路上,你是否也怀有一颗感恩的心呢?对自己是否作了一个准确的定位,有一个正确的评价呢?全面衡量一下,自己的能力和现在的工作岗位是否相匹配?如果你觉得还可以的话,那就把心态放平放稳,努力去工作,在工作中体会快乐,让工作成绩去体现自己的价值。用一颗感恩的心去工作,要知道还有成千上万的大学生找不到工作呢?你现在拥有一份工作是幸福的,怀着愉快的心情去工作吧,只有这样,我们才能把工作做好,并在工作中体现出自身的价值!

有人怀着无比敬佩的心情询问当代科学大师霍金,是什么动力使他被困于轮椅上30多年却在科学领域始终跑在前列时,他虔诚地答:"我有一颗感恩的心。"还有人曾经问过一位老兵,你在西部边疆服役5年,将青春年华都献给了那茫茫戈壁,你是否后悔过,他平静地回答:"如果我能活70岁,那么我才尽义务5年,而别人还要为我站岗放哨65年。"简朴平和的话语,道出了这位老兵的感恩之心。

当我们怀着感恩的心去工作时,就会心态平和,工作也会更加顺利。

王庆在一家保安公司工作已经多年,他对这份工作倍加珍惜。尽管工资不高,但比起工厂员工也还不错,努力工作一年下来,不仅能维持自家的基本生活,而且还能小有积蓄。对那些比自己工资高的人,他从来不嫉妒、不攀比。保安队长每月要比他多上好几百元,但他从不眼红,他认为队长的工作量比自己的多了好多倍。当自己8小时以外安安稳稳地躺在床上什么也不用去想时,他却还在考虑如何做好和客户之间的沟通,以及如何提高全分队的业务素质。还有公司的老总,他每月有上万元的收入,也是可以理解的。因为他的付出是常人所不能想象的,单凭他每月能解决全公司上下一两万人的吃饭问题,我们大家就应感激他。如果没有他,可能谁也不会安稳地坐在这里了,也许又要奔波找工作了。

你在为谁工作

拿破仑·希尔曾说:"如果你愿意提供超过所得的服务时,迟早会得到回报……记住,你一生中所得到的最好的奖赏,就是你以正确的心态提供高品质服务而为你自己带来的奖赏。"怀着感恩的心去工作,认真地做好每一件事,这是我们应该有的最基本的心态。

人生寄语

人家帮我,永志不忘;我帮人家,莫记心上。

——数学家 华罗庚

03 尊重自己的工作等于尊重自己

不管你从事何种工作,不论你是老板或员工、经理或作业员、医生或护士、律师或秘书、老师或学生、主妇或佣人,你都应该尊重自己,更尊重自己的工作。实际上,尊重工作就是尊重自己,这是一个最基本的工作态度问题。

有这样一则故事,说的是三位砌砖工人对自己的工作态度。问他们同样一个问题:"你们在做什么?"第一位工人回答:"砌砖。"第二位工人回答:"我在做每天赚10美元的工作。"第三位工人则回答:"我在建造世界上最伟大的教堂!"

这个故事虽然简短但是意味深长,在这个没有结尾的故事里,我们不难想象出将来他们会有什么样的变化。很显然,前两位工人仍然是砌砖工,他们缺乏远见和想象力,他们缺乏对工作的尊重,没有什么动力能推动他们去获得更大的成功。

可最后一位,你可以跟任何人打赌,他绝不会永远是一名砌砖工,或许他会成为一个工头或承包人,或是一位建筑师。他会不断地前进并得到升迁。

对工作的态度决定工作的质量；工作的质量决定我们自己的前途。尊重工作，就是尊重自己。

一位著名的管理学家采访过松下、索尼等大型企业的工作人员，问他们："你们在岗位上做点什么？"

"上螺丝。"

"搞焊接。"

……

答案五花八门，怎么说的都有，甚至还有人说："几十年了，我一直在上螺丝。"他们的答案很实在，也都没错，虽然没有我们想听到的理想答案，他们没有人说"做电子产品。"更没有人说"加快人类与社会的联系，促进社会的繁荣进步。"

这些人在平凡的工作岗位上，默默无闻地工作着。但他们丝毫没有轻视、甚至瞧不起自己的工作，反而觉得自己很光荣，一干就是几十年。这也是对工作的一种敬重。

如果一个人轻视自己的工作，把它当成低贱的事情，那么他绝不会尊重自己。因为对自己的工作都看不起的人，它是不会尊重自己的，更不会受到别人的尊重。重视自己的工作，在建立自信心、给别人一个良好的印象等方面，都有很好地影响。

从前，有两匹马各拉一大车的货物，其中的一匹马走得很好，可是另外一匹马常常不好好走，不是停下来歇会儿，就是东张西望慢吞吞的。于是主人把慢的那辆车上的货物搬到快的那辆车上去。等到慢的那辆车上的东西全搬完时，那匹马便轻快地前进，它追上那匹快马说："你看你多辛苦呀，明白吗？你越是努力干，人们越是要折磨你。"最后，等他们把货物运到目的地时，主人说："既然只用一匹马就能拉车，那我养两匹马干吗？不如好好地喂一匹马，把另一匹马宰掉，总还能拿张皮吧。"于是，主人把那匹偷懒的马送到了屠宰场。

这是则寓言故事告诉我们：自己的工作自己都不尊重，别人更不会尊

你在为谁工作

重你。

　　刘总曾在修脚师的岗位上一干就是很多年,并且在当地还非常有名气。现在他已经在全市开了五家连锁店。回想起当年修脚的经历,他感慨万千。那年,他大学毕业,像所有刚毕业的大学生一样,想到外面找一份体面的工作,闯出自己的一片天地。他来到了被人称为遍地黄金的深圳,但残酷的现实并没能让他如愿以偿,他没有找到适合自己的工作。

　　但他没有灰心丧气,起初为了解决生计问题,他看见路边一家修脚店招小工,他便去做修脚小工了。后来,熟悉他的同学听说他在做修脚工,自然免不了冷嘲热讽,最让他伤心的是他的家人也不理解他,但他自己并没有瞧不起自己。他觉得这行业是新兴行业,将来肯定有大发展。他在人们的蔑视和不理解中,努力学习修脚技术。在做学徒5年后,他自己也开了一家修脚店,因为技术好、人品好、学识好,他的修脚店生意很好,3年后,他又相继开了4家连锁店。他自己成了大老板,财富、地位、幸福的家庭一样也不少。

　　检验人的品格有一个标准,即他工作时所具有的精神。一个员工工作时所具有的精神，与他工作的效率有很大关系，并且对他的品格也有很大的影响。工作就是一个人人格的表现，你的工作就是你的志趣、理想，你的外部写真。看到了一个人所做的工作，就是"如见其人"了。

无论你是领导还是员工，无论你是年老还是年轻，都不要看不起自己的工作。尊重自己的工作就等于尊重自己。有人说，假如你非常热爱你的工作，那你的生活就是天堂；假如你非常讨厌你的工作，那你的生活就是地狱。你对工作的态度决定了你对人生的态度，你在工作中的表现决定了你在人生中的表现。

人生寄语

如果一个人将自己的思想指向光明，他就会惊奇地发现，自己的人生有了巨大的改变……一个人所能得到的往往是自己思想的直接结果……有了奋发向上的思想之后，他才能奋起、征服，最终有所成就。

——美国作家　詹姆士·艾伦

04　今天努力工作是为明天不再找工作

很多人，当他们的幸福爱情一旦失去的时候，才知道当初没有好好地珍惜。同样，有许多员工等到"裁员的厄运"降临到他们头上的时候，他们才遗憾当初没有努力工作。所以，在我们的人生中，特别是在工作中，一定要勤奋工作，不要等到失去了才后悔。今天努力工作是为了明天不再找工作。

每一个企业都把赢利作为企业生存的根本。为此，公司会为了这个目的常常解雇一些不努力工作的员工，同时也要从外面招进新的员工，这

你在为谁工作

是每个公司在一定的情况下都需要做的"吐故纳新"。不管在什么时候什么情况下,公司都不愿留下些在工作中懒散,做事无精打采,以消极的态度对待工作的人。

有个女子大学毕业后,过五关斩六将,好不容易找到了一份工作。可是,她不但不珍惜眼前这份来之不易的工作,而且还对老板所交给的任务不是嫌这就是嫌那,不是太脏了就是太累了。这样的态度,她自然不会取得什么工作成绩,薪水也少得可怜。后来,她又被调整到一个薪水更少的部门。可是,她不是努力找出自己的原因而是对公司和工作多有抱怨。最后,她就被解雇了。

偶尔的一两句抱怨也许不会对个人和公司造成太大的影响,但长时间的抱怨会让人思想摇摆不定、狭隘,在工作中敷衍了事,同事也不愿与其交流。长期这样会使人的工作停滞不前,也会影响公司的长远发展,所以,在公司进行人员调整时,她被调离甚至后来被解雇是再自然不过了。

抱怨只会让工作变得更加糟糕,而抱怨又会让自己失业,从而不得不再一次为工作四处奔波。因此,今天不努力工作明天就要努力找工作了。上述的例子就是一个很好的借鉴。

教师这一职业一直被认为是铁饭碗,一辈子都不会失业,但是近年来,在大部分地区都已经取消了教师终身制的制度。

陈老师是某市的一名高中语文老师,他在这方面深有感触。

陈老师认真研读、领会市教委的精神,并做了深刻地分析,指出该市教育已是一潭死水,不改就要落伍了。2000年他所在的学校被市里作为教育综合改革的第一个试点。

改革以后,学校有了更多的自主权,有了更长远地发展。校长竞聘上岗,教师也实行聘任制。教师可以把自己满意的校长选出来,工作积极性会更强。教师实行聘任制,能上能下,有了压力自然会更加努力地工作,教学质量就不愁得不到提高。教师在岗位上可以流动,可以转岗、待岗或培训后上岗,为此每个教师都丝毫不敢懈怠自己的工作。另外,教师资格证也不再是终身的了,过一段时间就必须重新学习,重新考取教师资格证。

当陈老师看见身边的有的教师成为待岗员工以后,不禁感叹"今天不努力工作,明天就得努力找工作"。

每一个在求职大军中打拼过的人都会对"今天努力工作是为了明天不再找工作"这句话深有体会。张阳就走过了一段艰辛的求职历程。

那是几年前的一个炎热的夏天,他辞去了一个稳定的政府公务员的工作,带着自己对梦想的强烈追求,怀揣大学毕业证书到广州追求自己的理想。

到了广州,他先找了一间简陋的小旅馆住下,买了一大摞报纸,专门看招聘的广告,然后就开始四处奔波求职。先是到当地的人才市场,每天在拥挤不堪的求职人群中挤来挤去。但别人一看求职材料,一句"不适合"就把材料退了。多一句话也不问。如果再问,人家不理你了。张阳在人才市场不知道碰了多少次壁。后来,一个好心的招聘人员告诉他,来这儿招聘,招的是高素质有经验的技术人才,劝他到郊区的工厂碰碰运气。

张阳听了这个好心人的指点,找老乡借了一辆破单车开始了郊区求职的历程。在近40度的高温下,他气喘吁吁地到了一个单位,刚开口说"我是来求职的",门卫便不耐烦的一声"这里不要人",就把他晾一边了。他骑着破车,风吹、雨打、日晒,关里关外地跑,跑了几十家工厂和单位,但总是碰壁、失望,再尝试,又再次碰壁、失望。

3个月过去了,由于求职无望,生活又是这样的窘迫,他的情绪低落到了极点。在这个时候,求职成了次要的选择,怎样生存下去成为最迫切的问题,要先解决自己的吃住问题。后来实在没有办法,他到建筑工地筛沙子、帮别人发放传单广告、送外卖、当家教……

这一段艰辛的求职经历使他彻底放弃了幻想,勇敢地回到了现实中来。后来一个机遇让他进入一家大公司当采购员。他不断地提醒自己,不能忘记过去那段求职的经历,我今天不努力工作明天就要努力找工作了,因为今天这份稳定和回报来得实在是太不容易了。

我们要好好珍惜自己现在拥有的工作,在工作岗位上精心谋事、潜心干事、专心做事。为了将来不后悔,请珍惜拥有的工作吧!努力工作,好好加油,美好的明天在向我们招手。

人生寄语

最难忍受的痛苦,也许是想干一件事而又不去干。

——法国作家 罗曼·罗兰

05 敬业是一种习惯

这是一个提倡敬业的时代,无论做什么工作,都要有一种敬业精神。那些缺乏敬业精神的人,是无法取得真正的成就的。

所谓"敬业",就是要尊重自己的工作。从浅层意义上讲,拿人钱财,给人干活是天经地义的事。也就是平时我们说的,敬业是为了对老板有个交代,这也是做人最基本的原则。从深层意义上来说,那就是把工作当成自己的事业,要具备一定的使命感和道德感。不管从哪个层次来讲,"敬业"所包含的意义就是认真负责,一丝不苟,忠于自己的事业,并且有始有终。

在现实生活中,我们经常会听到老板说:"公司花费了大量财力和物力对员工进行培训,然而培训完了,等他们积累一定的经验后,却不辞而别,一走了之。"

确实,这样的人现在越来越多了,主要原因就是他们想寻求更快更好的发展。就算那些不走的员工也是,整天抱怨公司和老板无法提供良好的工作环境,将责任全部归咎于老板。这种不敬业的精神使公司和员工自己都深受其害。

怨天尤人的人,喜欢给自己找借口,把自己的不得已全怪到别人身上。人往往忘记自己所拥有的,而只看到自己没有的部分。

很多年轻人初入职场时都有这样的感觉,自己做事都是为了老板,为他人挣钱。如果你有这种想法那就大错特错了,你做事不是为了老板,更不

你在为谁工作

是为了老板赚钱,而是为了自己。如果硬要说自己做事是为了公司,那么公司的效益好了,最终还是会有利于自己的。还有些人认为,反正为人家干活,能混就混,公司亏了也不用我去承担,有的人甚至还扯老板的后腿,背地里做些对公司不利的事,不仅是不敬业,还说明这个人的品质有问题。

工作中养成敬业的习惯,表面上看是为了老板,其实是为了自己,因为敬业的人能从工作中学到比别人更多的经验,也比较容易受人尊敬。即使是自己的工作业绩不怎么突出,也不会有人挑你的毛病。同样,这种人也更容易受到提拔。没有哪一个老板不喜欢敬业的员工。想想看,把一件事情交到这种人的手上,谁会不放心呢?因此,工作中有敬业精神的人,无论从事任何行业都比那些没有敬业精神的人容易成功。

"不管我注定要从事什么工作,就算是做扫大街的清洁工,我也要像贝多芬作曲、莎士比亚写剧本一样认真负责,让走在大街上的人们为我的工作而感到惊叹!"这就是一个敬业的人应具有的精神。

人生寄语

一个人把工作当成职业,他会全力应付;一个人把工作当成事业,他会全力以赴。

——台塑集团创始人　王永庆

06　工作是为了更好地生活

生命是可爱的,活着本身就是件幸福的事。为了活着,你必须挣钱糊口;为了活得更好,你就得开发潜能,更加努力地工作。

有些人工作是为了生存,从道理上讲,生存应该是一种前提、一种条件、一个根本。如果一个人连饭都吃不上,却整日想入非非,这岂不好笑?

因此有人说"工作首先是为了生存",这种说法没什么不对。问题是不能只为了生存而工作,如果只是这样,做个乞丐好了。如果你不想这样,那就不应该仅以生存为满足,而应该是努力工作,为了理想、抱负,为了自己生活得更好。

有这么一个例子,也许我们能从中悟出一些道理。

曾经有一名男子,中学毕业就到饭店学厨师。他并不是特别喜欢厨师这个工作,但当时除了学厨师不知还有什么工作可做,于是就迷迷糊糊地一直混到当兵。退伍后一时找不到合适的工作,他又回到了原先的本行。眼看已经二十几岁,有了"前途"的压力,于是他为自己立下了一个目标——既然只得去当厨师,那就好好干,干出点名堂,为了自己以后生活得更美好。从此,他每天努力地工作,他的生活目标不再只是为了生存,而是为了使自己过上舒适的生活,能生活得更好。因此,除了跟饭店厨师学习之外,他还不断收集相关书籍,认真学习实践,甚至跟着其他比较有名气的厨师学习。

不到两年,他由打杂的升为助理厨师,并且很快就闯出了名气,他还自创了美味水果沙拉。后来,他向亲戚朋友借了点钱,开了一家属于自己的饭店。

这虽然是一个平淡无奇的故事,但就是这么一个小人物的平凡故事,告诉我们一个深刻的道理:努力工作是为了更好地生活。人生下来不能

你在为谁工作

仅仅为了生存,生存并不难。人得努力工作,要有一个更好的发展。

有的人只是把工作当做谋生的手段,因为不去工作就无以为生,也承担不起家庭的责任;有的人将工作看做追求理想的过程,认为在工作中不断地拼搏,等到功成名就时,自己的人生价值才得以实现;有的人把工作看做是施展自己才能的舞台,他们愿意把自己的热情全部释放出来,在工作中、在认可中、在赞扬声中实现人生的价值;也有的人把工作就当做工作,没有什么特别的,就好像每天要吃饭,每天要睡觉一样,是人活着必须要做的事情。

不同的人抱着不同的目的工作,很难说究竟哪个是对的,哪个是错的。从经济学上讲,生产是为生活服务的,也就是今天我们说的工作是为了更好的生活,但这不是生活的全部。当我们的生活已经很富足、不为衣食所忧时,我们是不是应该认真考虑一下,努力工作是否使自己的价值得到了进一步的提升。

林健在一家大型外资企业做部门主管多年,月薪早已超过万元。最近他辞了职,理由是长年累月的高压力、高强度工作,身心疲惫到极点,最近到医院体检,发现患了严重的高血压。在高薪与健康不可兼得时,他无奈地放弃高薪工作,另外找了个加班少,当然薪水也少的公司上班。但他觉得现在的生活惬意多了,时间多了,有空就运动运动。钱少了,不过生活好像更有感觉了。

来自成都的孙先生今年45岁,来上海已经快20年了。从一名普通的建筑工人做到一家房地产公司的经理,可以说是房子、车子、票子都有了,事业也是顺顺利利。可是孙先生也偏偏在这时辞了职,原因同样是近年来身体状况不佳,繁忙的工作、过快的生活节奏让他的身体有点吃不消了。现在,孙先生找了份比较轻松的工作,虽然工资少了很多,但没有了纷繁复杂的人际关系,每天坚持锻炼身体,督促女儿温习功课,周末在家做饭,绷紧了的神经放松下来了,心情也越来越好了。

在这个竞争空前激烈的时代,我们多数人特别是年轻人并不能理解这些人对生活及工作的态度,但在许多人看来,这就是他们想要的生活方式。求职、工作的观念,在他们这里有了很大的变化。他们有一个共性:放弃高薪高压力的工作意味着少了些谋生的沉重,多了些灵活和随意性。对于这些成功的人来说,加薪晋职有时并不是很重要的,他们似乎更愿意放弃工资提升、职位晋升来换取更多的闲暇时间和健康的生活方式。在这些事业成功者的眼中,工作不等于生活,更不是生活的全部内容。如果工作已经严重影响到你的生活,这时你就得重新考虑了。

从最低层次讲,努力工作为了更好地生活,通常是指那些还生活在贫困线以下的人,连最基本的生存还不能解决的人。不论是从现实情况来看,还是从人的本能来说,你都要努力工作解决吃饭穿衣问题。

从高层次讲,对于那些已经不再为吃饭穿衣发愁的人来说,努力工作是为了更好地生活,通常可以根据自己的实际情况来调整自己的工作目标。任何老板都会赏识努力工作的员工,而工作将带给你人生真正的乐趣与幸福。同时,努力工作,你的境况也将因此而改变。请牢记:工作是为了更好地生活。

人生寄语

真正希望过"很宽阔、很美好的生活",就创造它吧,和那一些正在英勇地建立空前未有的、宏伟的事业的人手携手地去工作吧。在生活中,堆积了许多美好的、实际的工作,这些工作会使我们的土地富饶,会把人从偏颇、成见和迷信的可耻的俘虏中解放出来。

——苏联作家 高尔基

07　学会享受工作

你如果能快乐地去迎接每个日子,精神就必须有所寄托。你要将你

你在为谁工作

的心灵寄托在一种事物上、一项工作上,从那儿你获得了生命的保证,知道了生命的定义,你就会感到无限的快乐。

人的尊严不是以权势、地位、财富来构筑的,而是由勤勉工作来支撑的。

每一个成年人都应该承担自己的工作使命,纵然有千辛万苦,但有见识者从来都不会畏避。他们深深明白,工作不但对他们无害,反而能够训练他们的体魄,强化他们的身心,锻炼他们的耐力,增强他们的信心。

中国有一句最通俗的形容人生两大乐事的联语:"洞房花烛夜,金榜题名时。"不错,新婚燕尔,金榜题名,意味着功成名就和幸福生活。可是有一点,这两件事都可一而不可再。要说快乐,必须是日常生活中经常能有的,才符合人生普遍的要求。人生最愉快的事,当然是能够做自己所喜爱的工作了。

人生不能离开工作,而一个人的聪明才智和天赋潜能只有通过合适的工作或平台,才能够充分地表现,才能发挥到淋漓尽致。

有位哲人说过:"不能蜕皮的蛇会死。人不工作,就像无法蜕皮的蛇一样。"凡是对人类社会有卓越贡献、建立了卓越功勋的人,都是一些视工作为神圣使命的人。他们不辞劳苦,付出了不知超过常人多少的心血才成就了自己的事业。正因他们乐于工作,心灵有所寄托,他们才倍感生活的美好。

19世纪,英国历史学家兼哲学家克雷尔曾说过这样一句话:"在工作本身找到乐趣的人有福了,因为他不必再求其他福祉了。"

工作之于人有时不啻是万应万灵的仙丹妙药。要想治疗懒散怠惰的毛病,最好的方法就是工作;要想防止邪念妄想,也只有投入工作才是最好的办法。凡人的精神上、心理上以及行为上的种种病根,诸如消极、悲观、愤懑、嫉妒、暴躁、刻薄等,没有一样不是能够以工作做处方,使之彻底根治的。

全身心地付出,尽职尽责地工作,摒弃不切实际的幻想,少一点野心和功利,也许每一个人都能享受到工作和生活的乐趣。

对于自己所从事的工作,爱与厌,苦与乐,大都存乎一念之间。有人

第一章 为自己而工作

成天郁郁寡欢，抱怨自己的工作不好；有人天天心情舒畅，把工作当享受。"三百六十行，行行出状元。"每一项工作都是重要的，每一项工作都大有可为。工作带给你的是快乐还是折磨，主要在于你对工作的态度。干好工作首先要热爱工作，而热爱的前提之一，就是从工作中寻找乐趣。之所以提倡寻找工作中的乐趣，主要是有些人感觉不到工作的乐趣，他们仅仅看到了工作的难度与压力、艰辛与枯燥。善待工作，热爱工作，才会变得轻松，变得从容，变得愉快，在工作中品味人生的丰富多彩。

当然，还有别的享受工作的方法，其中最重要的一种就是随时提醒自己工作的目的是什么。当我们工作的时候，别人将受惠于我们的付出。不管我们从事何种职业，都能够改善他人的生活品质。当个老师，我们可以改变自己的生活和别人的人生，即便是从事类似缝制降落伞这样单调的工作，我们也该记住，这些降落伞可能会拯救一些生命。

在工作中，很多人会有这样的感觉，总是觉得工作越来越多，上司要求越来越高，令自己喘不过气，总是有种快要窒息的感觉，头痛、胃痛、腰酸背痛……甚至出现亚健康状态。当出现这种情况的时候，意味着自己已陷入工作的低潮中。解决方法是要重拾工作的乐趣，从工作中享受乐趣，这样除了能延长自己的工作生涯外，还能让自己更具活力。

一位已为工作"征战"了几十年的作家曾表示：厌倦工作最主要的原因就是看不到未来，而工作量沉重和身心无法放松的感觉，也是造成倦怠的重要因素。此外，失恋、家庭问题、人际关系与生理的变化，亦会使人陷入孤立、挫折、恐惧之中。要为工作增添活力，先要破解问题所在，了解工作低潮的症结，才可重拾工作乐趣。让繁琐的工作时刻充满乐趣并不容易，不讨如果你在工作中尽量去寻找乐趣，带着一种乐观的态度去投入工作的话，相信那种乏味、窒息的工作氛围以及自己的精神状态会大为改观。你会发现不仅自己的工作效率大大提高，而且自己的乐观态度也会影响周围的人。这有助于提升自己的工作表现和在同事与领导心目中的美好形象，当然也有利于你的事业进步。

真正得到工作的乐趣，可以试着改变一下我们的思维方式，或许会有

你在为谁工作

新的发现。因为人一旦形成了思维定势,就会习惯性地顺着固有的方式思考问题,不愿也不会转个方向、换个角度想问题,这是很多人的一种愚顽的"难治之症"。例如,看刘谦的魔术表演,也许不是因为他有什么特别高明之处,而是我们的思维过于因袭习惯之势,神经在那一根线上,所以看不透。

在人生漫长的旅途中,很多人总是习惯于长年累月地按照一种既定的模式运行,从未尝试走别的路,这就容易衍生出消极厌世、疲沓乏味之感。所以,不换思路,生活也就很难改变。

很多人走不出思维定势,所以他们走不出宿命般的可悲结局,而一旦走出了思维定势,也许可以看到许多别样的人生风景,甚至可以创造新的奇迹。因此,从舞剑可以悟到书法之道,从飞鸟可以造出飞机,从蝙蝠可以联想到电波,从苹果落地可以悟出万有引力……常爬山的应该去涉涉水,常跳高的应该去打打球,常划船的应该去驾驾车,习惯了当官的应该去体验一下老百姓的生活。换个位置、换个角度、换个思路,也许就会别有洞天。

世上若有什么美化心灵的妙方,大概非工作莫属。人在聚精会神地工作的时候,就是他对上帝最虔诚的礼拜。所以,勤奋工作才能带来精神安适、心情舒泰,从而灵魂得以净化,而完美无瑕的人格方能显现出来。

每个人对工作的好恶不同,假使能把工作趣味化、艺术化、兴趣化,就可以把工作轻松愉快地做好。有位哲人说过,必须天天对工作产生新兴趣。人生并不长,因此最好选择适合你兴趣的工作,学会享受工作,享受生活,享受人生。

人生寄语

做自己喜欢做的事情,做自己擅长做的事情!

——百度公司创始人　李彦宏

第二章

让忠诚成为你的标签

如果你在一个地方工作,你就要发誓忠诚地工作。当然,许多老板并不要求你信誓旦旦地这样做,但在日常生活中,你要这样做,这是每个人应具备的一种品质。如果你对你的工作足够忠诚,你必将得到更多的回报,正所谓"投之以桃,报之以李"。

你在为谁工作

01 忠诚是一个人的基本品格

所谓忠诚是指对国家、人民、工作、亲戚朋友等真心实意,尽心尽力,没有二心。忠诚是一个人的基本品格。本杰明·富兰克林说过:"如果说,生命力使人们前途光明,团体使人们宽容,脚踏实地使人们现实,那么深厚的忠诚感就会使人生正直而富有意义"。

看过电影《南极物语》的人知道,这部日本片是高仓健主演的,它选择拍摄的地点在南极,展示了南极的壮美景色。这部电影的热度一直持续了15年之久。

该片取材于一个发生在日本科考队中的真实故事。讲述的是1971年日本考察队赴南极考察,同去的有15条用来拉雪橇的日本桦太犬。在完成一次远途探险后,由于天气原因,探险队员不得不撤离南极,但却没法带走他们的桦太犬。被留下的15条桦太犬,有6条在暴风雪中死在了探险队大本营,其余9条挣脱绳索,开始了它们在南极的冒险生活。

影片大部分时间都在描写桦太犬在南极大陆的野外生活,表达了动物在与自然抗争时所表现出的顽强生命力。15条桦太犬的命运让观众感受到的是一种悲壮和震撼。但我们在这里要说的并非这种震撼。影片更让我们感动的是关于人和动物之间的相互忠诚。高仓健饰演的潮田先生因为把狗留在南极而内心歉疚,辞掉了大学高薪职位。因为这些桦太犬大部分出生在日本北海道的民家,潮田先生开始逐家拜访,登门谢罪,这种负罪感来源于他对桦太犬的忠诚。他明白每个生命都有为自己生存奋斗的权力,人类没有权力妄加干涉。潮田先生最后回到了南极,与活下来的"太郎"和"次郎"团聚。在那一刻,他的负罪感因为他的忠诚获得了救赎。

如果说什么是人世间的忠诚,我想这算其中的一个最重要的部分吧?

第二章 让忠诚成为你的标签

人与动物的关系在关键时刻显得那么忠诚。从某种程度上说忠诚是一种责任，是一种义务，是一种操守，还是一种品质。

要想做到真正的忠诚是不容易的，需要随时随地地反省自身，就像中国古代哲人孔子所说的"吾日三省吾身"，需要更好地约束自己。让自己在应该承担责任的时候就承担起来。

南宋末年，在张世杰指挥下，官军打了一场惨烈无比的"崖山保卫战"。失败之后，丞相陆秀夫背着8岁的小皇帝跳海自杀。史载："后宫诸臣，从死者众。""越七日，尸浮海上者十万余人"。大战中和帝室失散的张世杰知道少帝已死，领着船队再度出海，行至海陵岛一带海面时遇飓风溺死海中。还有著名的刘备临终托孤诸葛亮，诸葛亮凭借着"鞠躬尽瘁，死而后已"的忠诚态度，让小小的蜀国得以延续了几十年。

忠诚代表着诚信、守信和服从。忠诚也是有差别的，从等级上来看也是有不同的层次的。

哈佛大学教授乔西亚·洛伊斯在1908年出版的《忠诚的哲学》一书中曾说："忠诚自有一个等级体系，也分档次级别：处于底层的是对个体的忠诚，而后是对团体，而位于顶端的是对一系列价值和原则的全身心奉献。"

乔西亚·洛伊斯进一步阐述了忠诚的三类表现：一类是忠诚于个体，

你在为谁工作

即对某个人忠诚,比如忠诚于企业的领导者;一类是对团体的忠诚,比如忠诚于企业本身;另一类是对一些原则的忠诚,比如信仰、思想或操守。这三类忠诚有时是合而为一的,比如你可能忠诚于某个企业里面的人,同时也忠诚于这个企业。进一步研究证明,对组织的忠诚要比对个体的忠诚稳定,对原则的忠诚又比对组织的忠诚稳定。

将对领导者个人的忠诚,升级为对企业和原则的忠诚,无异于为员工的忠诚上了一道无形的保险。

员工对企业的忠诚通常表现为三种倾向:一是接受企业的目标和企业的共同价值观;二是渴望成为企业中的一分子,并以此为荣;三是愿意为企业付出更多的努力与感情,即使在企业面临困难时也不离不弃,共渡难关。

员工对原则的忠诚表现为两点。其一是服从而不盲从。万科总裁郁亮曾说过:"执行董事长的话要过夜。"意思是,即使是领导的命令也不能盲目执行,而是要以企业利益为出发点,进行全面的考虑,全面考虑后,再反馈自己的意见。其二是思维不趋同。盛田昭夫在任索尼公司副总裁时,田岛道治任董事长,两人常有不同意见,田岛道治想要离开。对此,盛田昭夫说:"如果你发现我们在一切问题上的意见均一致,那么这家公司确实没有必要给我们两个人发薪水。正是因为我们有不同意见,这个公司才会少犯错误。"可见,员工的差异性对企业的发展有巨大的价值。

忠诚的员工,无论在言语上还是行动上都会时刻注意维护公司的形象和利益,时刻遵循公司的规章制度,把每一位员工当做自己的合作伙伴,互相关心,互相爱护。

在惠普就有这样一位忠诚的工程师。

美国的惠普实验室致力于研究示波器技术。在惠普实验室有一位聪明能干、积极努力的工程师查克豪斯。他当时正在研制一种显示监视器,但突然接到通知,研发经理让他放弃这个计划。

查克豪斯并没有理会上司的指示,他抓紧时间弄好了模型。在他去加利福尼亚度假时,他沿途向顾客出示了这种显示监视器的模型。他要了解他们的想法，特别是了解一下他们要用这种产品做什么，这种产品有什么不足之处。结果顾客的反应很不错。这更促使了他继续进行这种产品的研制。

当他返回科罗拉多后，总经理也要求他停止这项工作。但他说服他的研发经理，并把这种监视器投入生产。结果，当这种新型的监视器投入市场后，销售量达到了 17 000 台，为公司赚了 3 500 万美元。

几年以后，在惠普公司的一次工程师大会上，总经理给查克豪斯颁发了一枚奖章，对他"超乎工程师的正常职责范围，表现出异乎寻常的藐视上级指示"的行为予以褒奖。

查克豪斯自己认为："我并不想藐视上级或者不服约束，我是诚心诚意地想使惠普公司获得成功。"

可见，真正的忠诚不仅仅是对公司的、对老板的忠诚，而且是对自己事业的忠诚。如上例中的工程师，在忠诚中去感受事业，他会把自己的超前的想法融入进工作当中。

只有忠诚的人才能在自己的职业生涯中一直保持着负责的态度。对职业忠诚是职业人一辈子的事。如果没有对职业的忠诚，你就无法做出良好的业绩。而在面对各种诱惑的今天，忠诚尤为重要。做到了，就可以壮大一个企业；做不到，就可能毁了一个企业。

● 人生寄语

如果能掂得起来，一盎司忠诚相当于 1 磅智慧。

美国出版家　阿尔伯特·哈伯德

02　你为什么还不是一个卓越的员工

"没有最好，只有更好"，这是一句广告词，颇能打动人心。一个卓越

你在为谁工作

的员工对待工作的态度也应如此,也要在原有的基础上更上一层楼,唯有如此,才能保持旺盛的工作热情,才能把工作做得更好,才能不断地充实自己,发展自己。

我们任何时候都不能失去忠诚,因为忠诚是企业成功的基石,也是个人发展所必需的品格。卓越员工的品质是在经过了历练之后才会大放光彩的,他们为了公司的利益,会忠诚地对待公司的一切。有一位管理学家说过:"忠诚是卓越员工的必备素质。"有了忠诚,你会主动地为公司出谋划策,为公司的销售额再上一个台阶而勤奋努力。

美国著名管理学家吉姆·柯林斯说过:"任何卓越公司的最终飞跃,靠的不是市场,不是技术,不是竞争,也不是产品。有一件事比其他任何事都举足轻重,那就是招聘并留住好的员工。"

卓越员工是企业成功的重要因素之一。卓越员工并不是天生就优秀的,企业的卓越员工来源有两个:一是靠企业的魅力吸引而来,二是靠企业自己培养。更多的优秀员工是企业自己培养出来的,这是企业文化向员工灌输的结果。

卓越的企业文化是公司员工一致认同的价值观。企业员工愿意做到精益求精,愿意为公司贡献自己的才智和能力,愿意为了公司的利益而舍掉一己私利。这样,员工的能力才会最大限度地发挥,才能使企业最终实现向卓越飞跃的目标。

在第二次世界大战之前,日本军事工业迅速发展,短短几年间,就成为日本的经济命脉。但是二战后,日本的战败使这些企业陷入极端的困境中,甚至濒临破产。

这个时候,日本民族精神起到了很大的作用。许多员工,无论是男是女,为了能够让日本的企业发展起来,挽救日本的经济,竟然一分钱不拿地去工作,而且还是加班加点地工作。最终因为这些员工的努力,日本企业在短短的五年间又重新崛起,以至于当时的美国人都惊呼日本的汽车会把他们国家的汽车市场占领了。

外国记者在采访日本的员工时,得到了令人震惊的回答。员工们说:

"我们喜欢工作,喜欢加班。"此时,在日本员工中,忠诚的热情已经远远超过了对工资的索求,忠诚在这里已经上升为对国家、对民族的感情了。

而在当代中国,一些员工很难在同一个企业工作超过两年。原因也许有很多,但最根本的就是缺乏对企业的忠诚。很多欧美企业都感叹,中国员工的忠诚实在是有限。

忠诚不仅仅是一种品德,更是一种能力,而且是其他所有能力的统帅与核心。

第一,忠诚已经成为人才的第一竞争力。当今社会,人才越来越多,企业对员工的要求也越来越高。他们不只看重员工的技能,更重要的是员工的品德修养。而在所有的品德中,忠诚排在第一位。因为一个缺乏忠诚的人,不可能为企业所用,一个卓越的员工一旦背叛企业,企业遭受的损失可能无法估量。

第二,忠诚已经成为一种立身之本,成为求生存求发展的重要能力。一个人生活在这个社会上,要不断地与各类人、各种组织打交道,在这个过程中,忠诚是最基本的能力。如果你缺乏忠诚,企业不会聘用你,团队不会让你加盟,同事不愿与你共处,朋友不愿与你往来,亲人不愿给你信任,你最终将被这个社会抛弃。

你在为谁工作

第三,忠诚能力是其他所有能力的统帅。一个人如果缺乏了忠诚,其他所有的能力,诸如计划能力、组织能力、控制能力、解决问题的能力等,都将失去用武之地。因此美国一位成功学家曾无限感慨地说:"如果你是忠诚的,你就会成功。"

第四,忠诚是获取回报的前提。没有忠诚,就没有贡献,同样也不会带来回报。在任何一个企业里,都存在一个无形的同心圆,圆心就是企业领导,圆心周围就是忠诚于企业的人,离圆心越近的人,是忠诚度越高的人,越可能获得稳定的职业和稳定的回报。

企业宁愿用一个十分忠诚、七分能力的人,也不愿意用一个七分忠诚、十分能力的人,忠诚的作用是非常巨大的。所以请记住:"忠诚是你最大的砝码,你做得越多,你的能力上升得也越快。"

人生奇语

生命不可能从谎言中开出灿烂的鲜花。

——德国诗人 海涅

03 把你的忠诚献给公司

作为一名公司的员工,如果能忠于企业、忠于事业,依靠企业的平台发挥自己的聪明才智,那么他不仅能为企业带来效益,为企业发展添一份力,而且能为自己的发展,找到合适的舞台。

一个人想要成功,一定要做出一些有自己特色的事情,能够做到别人做不到的事情。靠的是什么?靠的就是你对工作的强烈责任感和对工作的无限忠诚。

一个人事部的小职员,也许会遇到这样的情况:有一些消费者因为到公司去办业务，结果公司业务部的人手不够。尽管你不是业务部的人员，但是你先接待这位消费者，不至于冷落了他，维护了公司的形象和信誉。正是有了这份责任感，你才会让别人对你刮目相看。或许这对你来说是一个展现自我的机会。相反，如果你没有这种责任意识，有机会你也抓不住。所以，成功在某种程度上来源于责任感和忠诚。

对我们来说，忠诚就意味着责任，意味着对公司的利益负责。有这样一本书，名叫《每人只错一点点》，讲述了一个令人深思的故事。巴西远洋公司"环大西洋"号海轮是条性能先进的轮船，但在海难中沉没了，21名船员全部遇难。当救援船到达出事地点时，有人发现了一张纸条，上面记载了21名船员的留言：每个人都犯了一点错误，每个人都没有很好的负责，最终酿成船毁人亡的悲剧，这就是大家在临近死亡之时得出的结论。

每个人都要对自己的工作负责，这就是忠诚的直接体现。

如果你的上级让你传达某一个命令或者指示，而你发现这个命令或指示可能会使公司的利益受损，那么你一定要理直气壮地把问题提出来，不要去想你的意见可能会让上级发火，因为你是公司的一员。勇敢地说出你的想法，让领导明白你是在为公司的利益着想，而不是愚忠地执行公司的命令。这样做的话，没有哪一个领导会责怪你的，相反，他会因为你发现公司的问题，维护了公司的利益，而感觉到你是一个有责任感和值得信赖的员工。这样对你来说，你就可能获得一次晋升的机会。

美国钢铁大王安德鲁·卡耐基曾经说到他更乐于重用勇于、乐于承担责任，甚至为了维护上司和整个企业的利益而敢于违背上司命令的人，因为他相信这样的人是忠诚的。卡耐基如此，很多企业的领导者也是如此。

当今社会，企业竞争如此激烈，许多领导者都认为，员工的责任感和忠诚感对一个企业来说非常重要，使企业能够在激烈的竞争中保持稳定的业绩。

不要只认为员工的忠诚对企业来说非常重要，其实，员工对企业的忠诚，受益的并不仅仅是企业，受益者还有是员工自己。因为一种职业的责

你在为谁工作

任感和对事业的忠诚一旦养成，就会让你成为一个值得别人信赖的人，可以被委以重任的人。

人生寄语

工作上的信用是最好的财富。没有信用积累的青年，非成为失败者不可。

——日本社会活动家　池田大作

04　工作中最忌"脚踏两只船"

清代陈牧在《增广留表新集》一书中说："临事不决，皆由脚踏两船，随风倒柁，何以定大难而剖大疑乎？""脚踏两船"，听到这个词，总会让人产生一种反感，无论是情场还是职场，这种人都是不受欢迎的，也注定不会做成大事。

当今社会，人们对金钱的重视，使得一些人在工作时间铤而走险，"脚踏两只船"，开辟"第二产业"，想多挣一份钱来满足自身的需要。一心不可二用，这样做当然会顾此失彼，大大降低本职工作的效率和质量，会造成马马虎虎应付本职工作，挤出时间去忙"第二产业"的情况出现。这种做法和提高办公效率背道而驰，是所有老板所厌恶的。

李某在编辑部工作，薪水按说也不算少了，但是他并不安心做事，平时总想凭着年轻在上班之余多打几份工，赚些辛苦钱。这也是无可厚非的事情，在物价飞涨的时代谁不想多赚些钱呢？

李某的工作时间比较灵活。老板经常给他一些稿件，要求他保证质量、如期交付，一般给他的时间都不会太紧。当然也有个别要得急的，他接到任务总是拼命忙活，除了睡觉几乎挤掉了所有的休息时间来完成老

第二章 让忠诚成为你的标签

板交给他的任务，这样做不是说他工作积极性高，而是为了不耽误交差时间且做起别的事情会更放心。

假如在下班时间做兼职，上班时间认认真真地做老板交待的事情，那样也就没什么了，可是李某却偏偏相反。他的内心也很清楚，在上班时间做私事很危险，当然重要的是不要被老板抓住。因此他求公司里的一个要好的同事帮忙，因为这位同事的办公室在大厅里，很容易观察到老板的举动，于是让他在工作之余顺便给他"站岗放哨"，老板若是来了提前示警通知他。

李某肆无忌惮地在办公室里忙着兼职稿件，毫不担心老板的突击检查。一旦老板准备到他这来，同事便会提前示警，李某就会迅速地将电脑画面切换到要交付的任务上去，真是万分保险。

可是不怕"一万"就怕"万一"，有一次老板又给他布置了一个任务，挺轻松的一个任务却给了他三天时间完成。他只用了一天就把这个任务完成了，其余的上班时间全用在了"第二产业"——兼职稿件上了。

老板的车最近几天都没有出现在公司的门口，李某以为老板一定是出差了，就更加放心大胆的忙活开了。谁知当他正全神贯注忙私活的时候，忽然瞥见老板在背后冷冷得看着他，他心里突然有一种毛骨悚然的感觉。老板没说什么，转身离开了。

后来李某才知道，那个"站岗放哨"的同事那天调休。等到李某交完了手头的任务，老板便要他去财务那儿领3个月的薪水。然后对他说，以后可以不用在上班时间偷偷摸摸地做别的工作了。

不管老板在不在，不管主管在不在，不管公司遇到什么样的挫折，都要全身心地投入到工作中，全力以赴，帮助公司、老板去创造更多的财富，这才是工作的第一原则。如果你是在为别人工作，如果你只能在别人的监管控制下才肯努力工作，那么注定你一辈子都不会有什么作为。

如果不踏实本分地赚一份钱，也会引起一些不必要的误会。小刘是一名很有能力的会计，在一家小的公司得心应手，几乎成了老板身边不可

35

你在为谁工作

或缺的人，可是毕竟公司的实力有限，不能给小刘更多的报酬。有一家很有实力的公司看中了小刘，许诺了更高的薪金要挖她去那边工作。再三思量，小刘没能经受住高薪诱惑，毅然决定辞职去更有前途的公司了。离开不久，原公司老板突然找到她，说公司一直没有找到合适的会计，希望她能利用业余时间回公司打理一下账目，当然这不会是白干的。小刘碍于面子，另外也想轻松赚点外快，便没有推辞，时常利用休息时间回去打理账目。

后来，在一次投标中，小刘原来所在的那家小公司以微弱的优势战胜了她现在的这家公司。本来小刘现在所在的公司志在必得，可是却没有争到这个项目，因此损失惨重。当现在的老板知道小刘同时还在为原来公司工作的情况后，训斥她不该"脚踏两只船"，向原来的公司泄漏公司机密。虽然小刘心里清楚她回原来的公司只是打理账目，并不谈这边公司的事，可又有谁能够相信她呢？

踏踏实实地赚一份钱，比贪婪地利用办公时间去开辟"第二产业"心里更踏实。办公室中最怕的就是这种情况发生：

1. 让同事见了有一种不务正业的感觉。
2. 工作的效率和质量谁也不敢恭维,是一种应付差事的表现。
3. 利用老板花钱雇佣的时间做私人事情被老板发现,无论老板怎样处理,也不会有人同情。

金融界的杰出人物罗塞尔·塞奇说:单枪匹马、既无阅历又无背景的年轻人,起步的最好方法是:

1. 谋求一个职位;
2. 珍惜这份工作;
3. 养成忠诚敬业的习惯,不把工作时间私用;
4. 认真仔细观察和学习;
5. 成为不可替代的人;
6. 培养自己成为有礼貌、有修养的人。

只要你在办公中做到了这些,赚得的工资会与日俱增,同事会信任你,领导会欣赏你,你的事业会蒸蒸日上。

人生寄语

一个人智力有问题,是次品;一个人的灵魂有问题,就是危险品。

——蒙牛乳业集团创始人　牛根生

05　别把失败的责任往别人的身上推

在日常生活以及工作中,每个人都难免会犯错,出现错误并不可怕,可怕的是掩藏错误,推卸责任。面对错误时,大多数情况是没人承认自己犯了错误;少数情况是有人认为自己错了,但没有勇气承认,认为自己不说,别人就不会知道;极少数情况下有人会站出来承认自己错了。

你在为谁工作

一家香港公司的办事处,有一位主管和一位职员。办事处刚成立时需要申报税项,由于当时很多这样性质的办事处都没申报,再加上这家办事处没有营业收入,所以也没申报。两年后,在税务检查中,税务局发现这家办事处没有纳过税,于是做出了罚款决定,数额有几万。这家办事处的香港老板知道这件事后,就单独问这位主管,"你当时怎么想的,竟然发生这样的事情?"这位主管说:"当时我想到了税务申报,但职员说很多公司都不申报,我们也不用申报了,考虑到可以给公司省些钱,我也就没再考虑,并且这些事情都是由职员一手操办的。"老板又找到这位职员,问了同样的问题。这位职员说:"从为公司省钱的角度,再加上我们没有营业收入和其他公司也没申报,我把这种情况同主管说了,最终申不申报还应由主管做决定,他没跟我说,我也就没报。"

工作中逃避责任的例子无处不在。老板找主管负责,可主管把责任推给职员;等找到职员时,职员又把责任推给主管。就这样,你推我,我又推你的推来推去,大家谁也不敢承担责任。政府部门也有这种情况,相互推诿扯皮,最后影响政府的工作效率。

现在很多人不能清醒地认识到工作中的责任范围,要么是不负责任,要么就是责任心过重,这两个极端都不利于自己的发展。

有这样一个故事：上帝创造了世界之后，也创造了动物，于是召开动物大会，来给动物安排寿命。上帝说："人的寿命是 20 年，牛的寿命是 30 年，鸡的寿命是 25 年。"人说："上帝呀，我非常尊敬您，但是我的寿命也太短了，人生的很多乐趣享受不到啊。"上帝还没有说话，牛就说了："上帝呀，我每天都要干活，您给我 30 年的寿命，我就要做 30 年的活儿，太辛苦了，能不能少点。"鸡也说："我每天报晓也很辛苦，能不能少点寿命。"上帝说："好吧，牛和鸡，把你们 20 年的寿命给人吧。"从此以后，人就有了 60 年的寿命，在前 20 年"像人一样"快乐地活着，下一个 20 年是为家庭活着，像牛一样辛劳，最后 20 年像是报晓的鸡，起来得最早，叫全家人起床。

的确，生活在这个世界上，我们每一个人都要承担一定的责任。有些责任是与生俱来的，有些责任是因为工作、亲人、朋友而产生的。对家庭，有孝敬父母的责任，有养育孩子的责任；对工作，有服从领导的责任，这些责任是每个人都推脱不掉的，是我们必须承担的。

人生寄语

事情做了，就是做了。要有勇气承担一切后果，要有勇气承担可能的后果。

——中国当代作家　罗兰

06　要有"一切责任在我"的担当

在工作中，每个人都应该承担责任。首先要问一下自己，为什么是我承担这个责任，而不是别人。要知道，你承担责任是因为你有能力，才有承担责任的机会。一定要树立这样的观念：承担责任光荣，推卸责任可耻，我承担的责任越大，说明我的能力越强，公司对我越重视，我今后在公司的机会越多。很难想象一个不想、也不能承担责任的人会有好的发展前景。

企业的所有员工都有共同的目标和共同的利益,因此企业里的每一个人都负载着企业生死存亡、兴衰成败的责任,这种责任是不可推卸的,无论你的职位高低。

海尔的一名员工这样说过:"我会随时把我听到的看到的关于海尔的意见记下来,无论是我在朋友的聚会中,还是走在街上听陌生人说的话。因为作为一名员工,我有责任让我们的产品更好,我有责任让我们的事业更成熟更完善。"

一个没有责任感的人,不但不会忧企业之所忧,想企业之所想,还有可能会因为责任感不足而使企业的利益受到损害。他们本身就是企业的潜在危机,随时都可能给企业带来损失。

一位超市经理在一次视察时,看到自己的一名雇员对前来购物的顾客极为冷淡,而且还发脾气,令顾客极为不满,他自己却不以为然。这位经理问清缘由之后,对这位雇员说:"你的责任就是为顾客服务,让顾客满意,并让顾客下次还到我们这里来,但是你的所作所为是在赶走我们的顾客。你这样做,不仅没有担当起自己的责任,而且使企业的利益受到损害。你懈怠了自己的责任就失去了企业对你的信任,一个不把企业当成自己企业的人,就不能让企业把他当成自己人,你可以走了。"

缺乏责任感的员工,不会视企业的利益为自己的利益,也就不会因为自己的所作所为影响到企业的利益而感到不安,更不会处处为企业着想,解聘这样的员工,对员工来讲是一次教训,至少让他明白,在任何一个企业,责任感是他们生存的根基。一个有责任感的员工,不仅仅要完成他自己分内的工作,而且他会时时刻刻为企业着想。

例如,一位员工发现自己的同事最近一段时间工作效率比较低,或者听到一些顾客对目前公司员工服务的抱怨,他会把自己的想法和建议写出来投到员工信箱中,为管理者改善管理提供一些参考。而有一些员工就不会发现这些问题,或者发现了也不会反馈到管理层,"那是领导者的事,我们瞎操什么心呀。说不定,费力还不讨好呢。"

这种事不关己的态度是不对的,你对公司尽心尽力就一定会得到老板的赏识与信任,也有利于你未来的职业发展。

勇于承担责任并不是要人们承担过量的责任,刚刚步入职场的年轻人,容易犯一个错误,就是承担过量的责任。所以人称"愣头青"或者是"生瓜蛋子"。在学校,老师教育我们要爱祖国、爱人民,要博爱,结果走到社会上才发现,社会上的人都是爱自己、爱钱。到了企业工作,想着为企业鞠躬尽瘁,死而后已,没有想到自己不是企业的老板,只是一个打工的。所以有一腔的热血,不知道要向谁诉说。其中的关键,就是在思想上承担了过量的责任。

一家企业出了一桩严重的质量事故,上级部门要来追查责任。负责人对下边的人恳求说:"你们就说那天我正好有事不在,是你们自作主张,只要我免于处分,我自有办法保护你们。"有几个下属竟然同意了。他们中间,各有各的想法。有的认为,头儿对我不错,关键时刻不能出卖他;有的则想,这是大家的事,也不能叫头儿一人承担,他倒了,我们也没个好,不如先保下他再说;还有人认为,头儿要我们保他,不保也不行,保就保吧。

这种替上司"背黑锅"的行为是十分危险的。一般而言,有关工作的指示和命令是由上级发出的,下属只是执行而已。照理说,责任在上级。希望通过帮助上级逃避责任来解救自己,是十分幼稚的想法。责任是大家共同承担的,好比好多人抬一块大石头,一个人扔掉了,另一个肩膀上只会重点而不可能轻点。这是显而易见的。只有大家共同来承担责任,才能解决问题,共渡难关。

我们自己分内的事情,不要推卸,要拿出自己的肩膀扛起来,自己做的事情,要全力以赴地去做好。在演艺圈有这样一句名言:没有小角色,只有小演员。尽职尽责是工作对每个人的最低要求,对待本职工作尽职尽责,才有可能得到老板的认可,进而在事业发展的道路上步步高升。

美国石油大王洛克菲勒曾力排众议,花几十万美元买下了宾州铁路

你在为谁工作

公司的一支蒸汽船队,但这支只赔不赚的船队却令他捉襟见肘。最后,他不得不将这支船队停运。"一切责任在我。"洛克菲勒对他的下属们说。

无独有偶,多年前,当美国营救驻伊朗的美国大使馆人质的作战计划失败后,当时的美国总统吉米·卡特立即在电视里作了同样的声明:"一切责任在我。"

"一切责任在我。"这短短的几个字,表现出一种敢于担当失败与责任的勇气。在此之前,美国人对卡特总统的评价并不高,甚至有人评价他是"误入白宫的历史上最差劲的总统",但仅仅由于上面的那句话,支持卡特总统的人居然骤增了10%以上。韦恩博士说."把失败的责任往别人身上推,等于将力量拱手让人。"

不一定所有的人都要像洛克菲勒和卡特总统那样承担大业,但一定要承担起属于自己的责任,要胜任并愉快地承担起那些你能够或应该承担的责任,绝不要通过躲避棘手的事情而逃避责任。"躲猫猫"的事是要不得的。

当你承担额外的责任时,你就会提高完成这项工作的自信心,你的上司也会增加对你的信心,增加对你所承担的工作的信心。

我们必须为自己负责,这样才能提升自己的影响力。要背负责任的不是国家、不是环境、不是工作伙伴、不是我们所受的教育、不是我们的健康情形,也不是我们的财务状况,而是我们自己。

有些事情发生,可能会让我们的身体疼痛,或者给我们造成经济损害,造成我们的担忧,但关键不是发生了什么事,而是我们对所发生的事有什么样的反应。

责任的意义是,做出好的回答。我们必须对自己的反应与看法负责任,只是人们常常难以承认对自己的反应具有掌控权,尤其是那些负面的自我反应。例如,吵架的时候,我们常会说是别人先起头的,该负责任的一定不是我。因此,当出现问题的时候,请不要推脱你的责任。失败的人永远找借口,成功的人永远找方法。只有敢于负责的人,才是命运的主人,才能赢得别人的尊重和爱戴。

人生寄语

这是一个要负责的新时代,这个时代不是逃避责任,而是拥抱责任!

——美国总统 奥巴马

07　不为失败找借口

什么是借口?就是心理学家所说的合理化作用——一种潜意识的保护作用,使人不会受到不愉快经验的伤害。自己做了不利于他人的事,或想逃避有违自己主观意志的行为时,借口让我们暂时逃避了困难和责任,获得了些许慰藉。这种保护作用会使他人察觉不到自己的恐惧或浅薄。

43

你在为谁工作

不够体贴的先生对太太说："苍天！你到底希望我怎么做？你知道我不是那种热情奔放的人,肉麻兮兮的话我说不出口！"

早晨不肯起床为先生准备早餐的太太对先生说："一个大男人连冲杯牛奶、煎个鸡蛋都不会,我可不愿意为这么简单的事一大早爬起来。"

经常去"泡网吧"的青少年对父母说："你们老是数落我,不让我决定任何事情,我才去泡网吧的。"

成绩不及格的孩子对父母说："都是老师不公平,我才不及格的。"

避讳与子女谈论"性问题"的父母对子女说："你还太小,现在不能了解这类问题。"

迟到的员工对上司说："今天早上堵车了。"

推销员对抱怨的顾客说："你在使用前一定没有详细阅读说明书……"

这些借口的共同特点是:利用借口对付批评或指责,这是有意识或在潜意识中自欺欺人。

当你面对失败之时,不要寻找借口,而应找出失败的原因。

一个人做事不可能一辈子一帆风顺,总会遇到大大小小的失败。每个人面对失败的态度也都不一样,有些人根本不把失败当一回事,他们说："失败乃成功之母。"也有人拼命为自己的失败找借口,他们认为自己的失败不是因为自己的原因而是别人扯了后腿、家人不帮忙,或是身体不好、景气不佳等。总之,他们可以找出一大堆和自己无关的理由。

其实,我们没有必要为自己一时的失败而找种种理由,每个人的个性不一样,做事的方法也不同。我们应该储备力量,等待时机,为下一步做准备。俗话说得好:失败乃成功之母。只要我们有恒心有斗志,就一定会从失败走向成功的。

当遭受失败的时候不要把责任推给别人,而要从失败中检讨自己,把失败的原因找出来,吸取经验教训,不断修正自己,在以后才可能少走弯路,最终走向成功。

小刘参加工作已经有两年了,他从来不认为工作中的失误是自己的原因,每次失败他都能找出种种理由。

一次,领导交给他做一份广告策划书,让他把公司最新研制的产品做一个5分钟左右的宣传片。小刘认为自己已经做了这么多份策划,这还有什么难的,根本没把这件事放在心上。在老板要的前一天晚上,他才急急忙忙地赶了出来。

第二天,小刘把这份策划书交到老板手里,老板也没仔细看。马上说:"我相信你了,就按照这个去执行吧。"

小刘没有做任何调查工作就匆匆忙忙地写了这份策划书,当然,这份策划书与实际脱轨了,因此这项活动也没能成功。

老板很严厉地批评了他,他不但不虚心听取,反而说:"这不是我的错……"总之,小刘一点都没有检讨自己的意思,他为自己找出了种种理由。

老板非常生气地说:"像这样不能为自己的失败找原因反而找出一大堆借口的人,我们单位不需要,请你另谋高就吧!"

多么不值得呀!失败就失败了,为自己的失败找借口只能说明自己的无能。

犯错是难免的,但犯了错就要勇于承认错误,从中吸取经验教训。然

你在为谁工作

而,有许多人把事情搞砸了、做错了、失败了,不是去反省自己的过失,查找失败的原因,而是为自己的失败找各种理由、各种借口,甚至粉饰太平,忽略失败。

在动物世界中,蚂蚁具有一种完美的执行能力,一种服从、诚实的态度,一种负责和敬业的精神。这种精神就是被众多商界精英和著名企业奉为圭臬的"没有任何借口"。

在现实公司中,有着蚂蚁般忠实的执行力、想尽办法去达到结果而不是找借口的员工并不多见。在我们周围,更多的是讨价还价、患得患失、拈轻怕重、瞻前顾后的员工。

这些员工在一项任务未完成的时候,通常会说出下面这样的话:

1. 谁也没问过我为什么要做这些,所以不应当是我的责任,是他们根本就没有交代明白。

2. 天哪,这段时间我都忙晕了,我会尽快去做的。

3. 第一次,没经验。

4. 我们的条件比人家差远啦。

5. 我不如他们。

经常利用借口来开脱自己通常是有害的,有时会造成极坏的后果。如前面所指的先生,如果他一再利用借口为自己的不体贴开脱,而妻子又不去识别其根本原因,会使夫妻关系恶化,甚至导致离婚。

优秀的员工从不在工作中寻找任何借口。他们明白,在自己的岗位上,就应该把每一项工作尽力做到超出客户的期望值,让客户满意,让领导放心。

戴尔公司的创始人迈克·戴尔认为自己最感到自豪的事,就是公司的全体员工敢于正面迎接任何问题,敢于用斩钉截铁的态度去面对所有错误,而不是否认问题的存在,也不找任何借口搪塞。戴尔员工的口头禅是:"不要粉饰太平。"意思是:"不要试图把不好的事情加以美化。"如果做错了,问题迟早会暴露出来,不如直接面对各种错误,想办法尽早解决,以防事态进一步扩展。

第二章 让忠诚成为你的标签

通常一个人失败了，一般有两种反应：一种反应是诚实坦然地承认自己失败了，另一种是极力为自己的失败寻找理由去辩解。因为他害怕承担错误，害怕被别人嘲笑，被别人认为不成熟、没能力。成功人士的字典里是没有失败两个字的。失败不可怕，可怕的是为失败找借口。如此一来，恐怕是又要在同一个地方跌倒的。

有一些人总是为迟到找种种的理由和借口，今天不是这个原因就是那个原因的，每次迟到都能找出理由来。像这样的人，怎么能够在自己的工作岗位上作出成绩来？

当我们失败时，不要找各种理由拒绝认错，也不要推卸责任。永远不要为失败找借口，积极承担起自己的责任，它会是你成功的一个重要品质！

人生寄语

世上最难做到的一件事，便是承认自己错了。要解决这种情况，除了坦承错误，没有更好的办法。

——英国前首相 狄斯雷利

第三章

勤奋是优秀员工必备的素质

作为企业的员工,你要相信,勤奋是验证成功的法宝。优秀员工的成绩都是来自勤奋。勤奋出天才。古往今来,凡成大事者,凡对人类有所作为的人,无不是脚踏实地、艰苦攀登。在这个时代,勤奋是财富的根本,没有勤奋,就无法成就卓越。

你在为谁工作

01　业精于勤而疏于惰

　　我们从小就喜欢听故事,缠着大人们讲故事。随着年龄渐长,很多故事已经淡忘,但有些故事依然让我们记忆犹新。下面这段故事是不是很多人都记得呢?

　　有一个人很懒,什么事都不愿干,包括吃饭、走路和说话。每天吃饭时,都要妈妈将饭菜端过来,用筷子一口一口地送进嘴里,他才肯下咽。走路就更别提了,他从来就没穿过鞋,因为他从来都不下地走路。虽然他会说话,但他从来不讲一句话。

　　这个整天缩在被窝里的人,对外面的世界一无所知,而且整个身体都非常糟糕,软软地瘫在炕上,如同一块凉粉。

　　左邻右舍的小朋友见着他,一边刮脸皮一边喊:"懒虫!大懒虫!"

　　一天,懒虫的爸爸妈妈要出去几天,可懒虫怎么办呢?

　　爸爸妈妈想了半天,终于想出了一个好主意,那就是烙一张大大的饼,将中间掏空,套在他的脖子上,他饿的时候,张嘴就可以咬到了。

　　爸爸妈妈忙了半天,将饼给他套好,再三嘱咐后才上路。

　　出去几天,爸爸妈妈忙完了事,急着往回赶。可是天公不作美,忽降大雨,紧接着山洪暴发,将桥都淹没了。妈妈焦急地说:"孩子可怎么办啊?"爸爸劝道:"没事的,那张饼够他吃好几天的呢。"

　　水退却后,爸爸妈妈急赶到家,懒虫早已饿死了。饿死的原因是懒虫只把嘴巴前那一小块饼吃掉,其他的虽然离嘴边很近,但他也懒得去吃。

　　业精于勤而疏于惰,中国人最懂这个大道理。勤劳、勤快、勤俭、勤奋,是构成一切人生和事业的基石,嘴勤、手勤、腿勤是成功不可缺少的必要元素。人缺了这个"勤"字,就会疏远了财富,而与贫穷为邻;就会与懒

● 第三章 勤奋是优秀员工必备的素质

虫那样的人物称兄道弟,最后的结果当与懒虫的结局相去不远。

印度的瓦鲁瓦尔说:"不幸女神降临于怠惰者之屋,财富女神常住在勤勉者之家。"细细想来,确是至理名言。谁会相信一个懒虫能取得成功,哪个成功者又不是靠勤奋取得?

要想成就一番事业,首先应从勤奋做起。勤奋所至,成功之门也就自然会为你打开。

约翰·D.洛克菲勒在他43岁时,创建了世界上最大的垄断公司——美国标准石油公司。这位世界超级大亨性格古怪,除了对挣钱感兴趣外,所有的事对他来讲都可有可无。可就是这位冷酷得不近人情的怪人,有一天却破例邀请一位年轻人共进晚餐,这是不是一件天大的新闻?

他邀请的这个人既不是一位显赫的政要,也不是能给他带来财富的重要客户,而是他的标准石油公司里一名非常普通的小职员,他的名字叫阿基勃特。

阿基勃特受此殊荣的原因说起来很简单,甚至可以说不值一提。那就是他在远行住旅馆的时候,总是在自己签名的下方,写上"每桶4美元的标准石油"字样,在往来的书信及收据上也一丝不苟,毫不例外,签上自己的名字以后,一定要写上那几个字。

长此以往,同事们都忘了他的名字,而戏称他为"每桶4美元。"

古怪至极而又冷漠的董事长洛克菲勒听到此事后,大为惊异,并由此而深感兴趣:"竟有职员如此努力宣扬公司的荣誉,我一定要见他。"

后来,洛克菲勒因健康严重恶化和其他一些原因及早地退休了,那位公司的小职员阿基勃特,那个在很多不起眼的地方写过"每桶4美元的标准石油"字样的阿基勃特,做了这家世界上最庞大公司的掌门人。

成功并不像有些人想象的那么复杂、那么困难、那么高不可攀。有位韩国的学生在美国留学期间发现了这个问题,于是他给韩国总统写信,将自己的所见、所思、所感全盘托出,告诉人们成功并不像许多书上讲的那样是多么的高不可攀,而是只要注意一些小事就行了。结果韩国总统大为重视,那个留学生后来成了韩国一家著名汽车企业的董事长。

两条腿支起一个身子,这就是人。人几乎都是一样的,许多的失败者并不比别人少了什么;许多的成功者,如洛克菲勒和比尔·盖茨也未见得有多少超强能力。他们的成功往往在于比别人更勤奋,这就是"盖茨"们与普通人的不同点。

仅此而已,难道不值得深思吗?

人生寄语

如果我遇到处理不了的事情,我就让属下自己解决。

——美国实业家　亨利·福特

02　人生就是一连串的奋斗

伟大的成功和业绩,永远属于那些富有奋斗精神的人们,而不是那些一味等待机会的人们。应该牢记,良好的机会完全在于自己的创造。如果以为个人发展的机会在别的地方,在别人身上,那么你注定会失败。机会其实包含在每个人的人格之中,正如未来的橡树包含在橡树的果实里一样。

任何人的成功都不是偶然的。这其中包含着有志气、有决心、有毅力、有善于捕捉时机的智慧,有创造时机、操纵环境的才干,等等。

真正的成功绝不是侥幸可以得到的,而失败也绝不是命中注定。有许多人把自己的失败归罪于命运,其实,如果我们肯冷静地观察就可发现,命运掌握在勤劳的人的手上。即使你的智力比别人稍微差点,你的实干也会在日积月累中弥补这个劣势。

我们常看见有一些人,他们有天赋的聪明和才气。在别人看来,他是可能有点成就的,他自己当初也以为是可以成功的,可是到后来,其中有的人青云直上,而有的人却在琐碎的生活中消失了。

懒惰是成功的天敌。研究发现,许多失败的人都因为太懒散,他们以为来日方长,反正有的是时间,加上自己的聪明才智,总不会不成功的。可是,懒散会成为习惯,他们慢慢地安于懒散安逸的生活,而他们的那点可贵的天赋就在弃置不用之下生锈或发霉了。当别人为他可惜的时候,他自己早已忘记自己是可能有所成就的人。

有些人辜负了自己优越的天赋,是因为他太"聪明"。他看不起埋头苦干的人,嘲笑那些想走上成功之路的人们是傻瓜。

这些聪明人会想:一样是拿薪水,一样的吃饭穿衣、娶妻生子,少付出一些力气,老板也不会骂我,更不会开除我,你们那样兢兢业业,又是何苦来呢?可是,他不知道,我们应付一份工作容易,维持生活也绝不困难,而怎样才能向自己的生命交代,才是我们一生中最大的责任和最大的课题。

有些人越走离他的目标越远,是因为他的舵把不稳,所以只能随着潮水的冲击,跟着风向的吹动,忽东忽西,忽前忽后。他没有坚决朝向自己目标进行的魄力,一生在迁就环境。结果,他就被环境淹没,沉落下去了。这不也是一个悲剧吗?

你在为谁工作

在一部美国西部电影里,有一句对白:"苦干近乎愚蠢。"可是,到后来证明,只有近乎愚蠢的苦干的人才能拯救他们自己和别人。假如你有聪明的天赋,一定要找到那点近乎愚蠢的干劲。

只有苦干、苦练的人才可以真正显示他的聪明。在这个世界上,投机取巧是永远都不会走上成功之路的,偷懒更是永远没有出头之日。为了实现自己的愿望,首先必须将强烈的愿望化为明确的具体目标,并且立即朝此目标努力。这是日本青年医生德田虎雄的切身体验。

德田是一个农民的儿子。有一天深夜3点左右,他只有3岁的弟弟突然发病,德田看见弟弟瞪大了眼睛,已经看不见黑眼珠了。他已经昏迷不醒,这可把德田吓坏了,他一溜烟似的跑出去请医生,可是不管德田怎样苦苦哀求,医生都不肯出诊。德田只好又跑到别的医生那里去哀求,"我弟弟都翻白眼珠啦,请你救救他吧……"可是那个医生过了中午才来,那时,德田的弟弟已经断气了。

从此,德田产生了一种愿望:当一名医生,无论何时何地,不管穷人富人,都一视同仁地给他们治病。

德田想当医生,但他上的学校很难考上医学院。他就立即着手转学到今宫高中,并立志一定要考上大阪大学医学系。在今宫高中,同届同学共有450人,在这么多学生当中,德田必须争得第一名或第二名才有可能考上大阪大学医学系。他决定与大阪高中的学生决一雌雄,他参加了学力水平测验,结果大失所望,德田考了个第161名。

他不禁后悔起来。可是后悔也没有退路了,因为是他苦苦地央求,父亲才勉强同意他读今宫高中的。父亲说家里没钱,竭力劝他不要去大阪大学读书。可是德田认为这是人生的一大关口,便死缠住父亲央求个没完,才征得了父亲的同意。

德田觉得自己除考进大阪大学医学系外,再没有别的出路了。不管怎么说他还得学下去。怎么办呢?德田认识到自己已经没有退路,便在手册上写了"生死搏斗"四个大字,并决心为考入大阪大学医学系拼死拼活地学下去。

从此，他便开始投入到艰苦的备考中。功夫不负有心人，德田终于进入了理想的大学。

从大阪大学医学系毕业以后，德田当上了医生。在医院工作期间，他对医疗界的弊端感触尤为深刻。德田决定自己办医院。可是，当时他没有资金，没有抵押品，没人作保……但他想，无论如何也要有自己的医院。这一念头在德田的心中燃烧着，在他的心里产生了"只要豁出命去干，就没有做不成的事"这种坚定的信念。

不仅要有豁出命去干的精神，也要有方法。德田苦思冥想，怎样才能说服银行方面向我提供贷款。这时，他的脑子里闪过一个念头：参加人寿保险！于是，德田申请了1.77亿元的人寿保险，然后去了银行。他对银行工作人员说："我已同人寿保险公司讲定，以银行为人寿保险的领款人，这样，即使我死了，也不至于出现差误，你们能给我提供借款吗？"

对方说："德田先生，所谓人寿保险，人没死钱是取不出来的呀！"

"如果保险费交了一年以上，就是自杀，也能给钱。如果医院办了一两年还不顺利，我就从楼顶头朝地跳下来。这样不就不至于出现差误了。"德田说。

对方又说："这可有意思。"接着又说，"至少，不能让你太太做担保吗？"

"妻子是外人，说不定会出走，还可能分手。不能麻烦别人。一旦出了事，还是由我自己用生命来负责到底吧！"最后，银行还是贷款给德田了。

经过千辛万苦，医院总算办起来了。要成功，道路绝不是一帆风顺的，不管信念多么坚定，毫无例外都要尝到挫折和徒劳的滋味。

有时德田会想："我为什么总是要身负重荷到处奔波呢？"想到这里，他有时甚至想把自己的医院都丢掉不管。每当这时，德田首先到集中监视治疗室去探望，来消除思想上的疑惑。集中监视治疗室为什么能驱散他的消极情绪呢？集中监视治疗室，顾名思义就是一刻也不能离开重病患者、一天24小时需要护理治疗的病房。

病房里躺着濒临死亡的重病患者，他们的鼻子或者是支气管上都插

55

你在为谁工作

进了数根胶皮管子,他们的身上贴满了连接脑波测定器和心电图的软线,一看到这个情景,德田就不由得心里憋得慌。

这些人是为了活着而与死神不断地做着斗争,他们如果稍微放松为生存而作的努力,必死无疑,所以他们现在正在进行努力求生。德田想:"与这些人相比,我的辛苦算不上是辛苦。把创建医院这点辛苦,真的当成是辛苦,我就要受惩罚。我泄气,难道不正是由于我的惰性作怪吗?我尽管讲过,要豁出命去改革日本的医疗事业,可是要与这些人相比,我还没有真正豁出命去干。"

他又想:"别说与这些人比,就是与我在德之岛的双亲比,我的辛苦算得了什么呢?他们每天早出晚归,终日在甘蔗田里干活,把我养育大,还供我上了大学……不努力是不行啊!别说泄气话啦。德田虎雄啊,你真的豁出命去干了吗?"德田就是这样,经常目睹周围的人的辛苦和痛苦,以此鞭策自己的懒惰,从消极情绪中摆脱出来。通过不断的努力,德田一个接一个地建立了9所医院。

德田的成功经验说明:人生是严峻的,年轻人前途无量。人生,只能用自己的力量去努力开拓。埋头苦干,终能成功。只有勤奋工作才是高尚的,它将带给你人生真正的乐趣与幸福。

人生寄语

我在科学方面所作出的任何成绩，都只是由于长期思索、忍耐和勤奋而获得的。

——英国生物学家 达尔文

03　要想比别人优秀，就要付出十分的努力

曾听到过这样一则故事:20 年后，一所大学的同班同学聚会。

当年课堂里听讲的学子，如今却有了很大的差别。有的当了处长、局长;有的成了博士、教授、作家，或公司老总;也有的下岗分流,给小企业打工;还有的赔本欠债。

有些人不服气，感叹这世道太不公平，有几个人就去请教当年的班主任。老师只是一笑,然后出了一道题:10 减 9 等于几?

老师见学生一个个满脸疑惑，便问:你们会打保龄球吗?保龄球的规矩是,每一局 10 个球,每一个球得分是从 0 到 10。这 10 分和 9 分的差别可不是 1 分。因为打满分的要加下一个球的得分,如果下一个球也是 10 分,加上就成了 20 分。20 与 9 的差别是多少?如果每一个球都打满分,一局就是 300 分。当然, 300 分太难,但高手打 270 分、280 分却是常有的。假如你每一个球都差一点,都是 9 分,一局最多才 90 分。这 270 分、280 分与 90 分的差距是多少?"

老师继续发挥:"你们当初毕业的时候,差距也就是 10 分与 9 分,差距真的不大。但是,这以后,有的人继续努力,毫不松懈,10 年下来,他得取得多大的成绩? 如果你还是 9 分 8 分地干,甚至 4 分 5 分地混,10 年下来,你得拉下多大的距离?"

几个学生恍然大悟。

你在为谁工作

这则故事告诉我们:只有付出十分的努力,并且能够一直坚持到底的人,才能比别人优秀,才能先于别人取得成功。而那些马马虎虎、混混沌沌,甚至三天打鱼、两天晒网的人,最后的下场只能是一事无成。

我们从小就知道"勤能补拙""勤奋可以制造一切",也知道无数个通过勤劳实干取得成功的事例。可是,多数人并未从中受到启发,他们依然在工作中偷懒,依旧好逸恶劳,并为自己开脱:在这个时代,勤奋已不再是人生成功的法宝了。

的确,如今这个时代与以往不同了,在你的人生路上有很多不确定的因素存在,但并不是像有些人想象的那样——炒几套房子就可以成为千万富翁,炒大蒜炒绿豆也可以致富。要想在工作中获得成功,勤奋是必不可少的,靠炒作致富是不会长久的。

在人才竞争日益激烈的职场中,怎样才能获得成功的机会呢?是依靠对工作的抱怨、不满、拖拉和偷懒吗?如果我们始终把工作当做一种惩罚,那么我们永远都不能成功,甚至我们可能连目前这份我们认为大材小用、埋没了自己的工作都保不住。

对于普通人来说,要想在这个人才激烈竞争的时代走出一条完美的职业轨迹,只有依靠勤奋,认真地对待自己的工作,在工作中不断进取。

不要总是抱怨自己命运不济,其实机会对每个人都是均等的。如果我们对实际生活有所了解就可以发现,幸运通常伴随在那些勤奋工作的人的身边。

威尔逊先生是一位成功的企业家,他从事务所一个普普通通的小职员做起,经过多年的奋斗终于拥有了自己的公司。

这一天,威尔逊先生从他的办公楼走出来,刚走到街上,就听见身后传来"嗒嗒嗒"的声音,那是盲人用竹竿敲打地面发出的声响。威尔逊先生愣了一下,缓缓地转过身。

那盲人感觉到前面有人,连忙打起精神,上前说道:"尊敬的先生,您一定发现我是一个可怜的盲人,能不能占用您一点点时间呢?"

威尔逊先生说:"我要去会见一个重要的客户,你要什么就快说吧。"

第三章 勤奋是优秀员工必备的素质

盲人在一个包里摸索了半天，掏出一个打火机，放到威尔逊先生的手里，说："先生，这个打火机只卖3美元，这可是最好的打火机啊。"

威尔逊先生叹了口气，把手伸进西服口袋，掏出一张钞票递给盲人，"我不抽烟，但我愿意帮助你。这个打火机，也许我可以送给开电梯的小伙子。"

盲人用手摸了一下那张钞票，竟然是100美元！他用颤抖的手反复抚摸着钱，嘴里连连感激着，"您是我遇见过的最慷慨的先生！仁慈的富人啊，我为您祈祷！愿上帝保佑您！"

威尔逊先生笑了笑，正准备走，盲人拉住他，又说："您不知道，我并不是一生下来就瞎的，都是23年前布尔顿的那次事故，太可怕了！"

威尔逊先生一震，问道："你是在那次化工厂爆炸中失明的吗？"

盲人仿佛遇见了知音，兴奋得连连点头，"是啊是啊，您也知道那次事故？这也难怪，在那次事故中炸死的人就有93个，受伤的人有好几百呢，那可是当时的头条新闻哪！"

盲人想用自己的遭遇打动对方，争取多得到一些钱，他可怜巴巴地说了起来："我真可怜啊！到处流浪，孤苦伶仃，吃了上顿没下顿，死了都没人知道！"他越说越激动，"您不知道当时的情况，火一下子冒了出来！仿佛是从地狱中冒出来的！逃命的人群都挤在一起，我好不容易冲到门口，可一个大个子在我身后大喊：'让我先出去！我还年轻，我不想死！'他把我推倒了，踩着我的身体跑了出去！我失去了知觉，等我醒来，就成了瞎子，命运真不公平呀！"。

威尔逊先生冷冷地道："事实恐怕不是这样的吧！你说反了吧！"

盲人一惊，用空洞的眼睛呆呆地对着威尔逊先生。

威尔逊先生一字一顿地说："我当时也在布尔顿化工厂当工人。是你从我的身上踏过去的！你长得比我高大，你说的那句话，我永远都忘不了！"

盲人站了好长时间，突然一把抓住威尔逊先生，发出一阵苦笑："这就是命运啊！不公平的命运！你在里面，现在出人头地了，我跑了出去，却成了一个没有用的瞎子！"

威尔逊先生用力推开盲人的手，举起手中一根精致的棕榈手杖，平静

你在为谁工作

地说:"你知道吗?我也是一个瞎子。你相信命运,可是我不信。"

　　同样是残疾人,有人只能以乞讨为生,有人却出人头地,这决非命运的安排,而在于个人的勤奋、努力。面对困境,我们应如何走出来?懒惰地等待只能使自己沦为"乞丐",勤奋则能使你走向成功。

人生寄语

　　要知道:生命的象征是活动,是生长,一滴一叶的活动生长,合成了整个宇宙的进化运行。

　　要记住:不是每一道江流都能入海,不流动的变成了死湖;不是每一粒种子都能成树,不生长的变成了空壳。

——中国当代作家　冰心

04 把专注工作当做自己的使命

一个人的精力是有限的,把精力分散在好几件事情上,不是明智的选择,而是不切实际的考虑。

传说世上有一把成功的神奇之钥。在把这把钥匙交给你之前,我们先来看看它有些什么用处。

这把"神奇之钥"会构成一股无法抗拒的力量。

它将打开通往财富之门。

它将打开通往荣誉之门。

在很多情况下,它会打开通往健康之门。

它也将打开通往教育之门,让你进入你所有潜在能力的宝库。

在这把"神奇之钥"的协助下,我们已经打开通往世界所有各种伟人发明的秘密之门了。

我们人类以往所有的伟大天才,都是经由它的神奇力量走出来的。

卡耐基、洛克菲勒、哈里曼、摩根等人都是在使用这种神奇的力量之后,成为大富翁。

它将打开监狱铁门,把人类残渣变成有用及值得信任的人。它将使失败者变为胜利者,使悲哀变成快乐。

你会问:"这把'神奇之钥'是什么?"

回答只有两个字:"专注"。

成功的第一要素是能够将你身体与心智的能量锲而不舍地运用在同一个问题上而不会厌倦的能力,这便是专注。

专注有助于深化认识。人们对事物的认识过程,是从肤浅的现象到深刻的本质深化的无限过程。这就决定了研究一个事物必须有长期专注的精神。否则,对事物的认识就难以由浅入深,不断深化,逐步准确完整

你在为谁工作

地认识事物的本质。

好多员工都没有留意事业成功的要素,常常把事情看得十分简单,不能集中全部精力去努力工作。须知工作经验好比一个雪球,在事业中,它永远是越滚越大的。

你应当把精力集中在一种事业上,随时工作,随时学习。你集中的精力越多,工作起来也就越觉得容易。

同样,当你工作时,你应该把精力都倾注在事业上,不管你的工作是什么,一定要用心去经营,当你见到它们所带给你的成果时,一定会惊讶。

歌德说过:"你适合站在哪里,你就应该站在哪里。"这是给那些三心二意的人最好的忠告。无论是谁,若能善于利用精力,不将它分散到毫无用处的事情上去,他就有了成功的希望,但是有许多人东学一点,西碰一下,白白忙碌了一生,什么事也没有做成。

不管任何人,若不趁年轻时,训练自己集中精力的好习惯,那么他以后就不会成就什么事业。聪明的人了解倾注全部精力于一件事上,才能达到目标;聪明的人还善于利用他那不屈不挠的意志和持续不断的恒心,去争取生存竞争的胜利。

一次只专心地做一件事,全身心地投入并积极地希望它成功,这样你在心理上就不会感到筋疲力尽。记住:没有专注,就不能应付生活。生活要求专注,专注才能成功。

人生寄语

人的思想是了不起的,只要专注于某一项事业,就一定会做出令自己感到吃惊的成绩来。

——美国小说家　马克·吐温

05　靠诚实和勤奋,最终一定能迎来好运

这是一个广为流传的故事,这则故事激励了无数人,也改变了无数人的命运。

约翰的父亲去世了,他是家里的长子,所以,他必须承担起照顾全家的责任。那年他16岁。

约翰到镇里最有钱的法官多恩那儿去要一美元,那是法官买约翰父亲的玉米时欠的钱。法官多恩把钱给了他,然后,法官说,约翰的父亲曾向他借了40美元。"你打算什么时候还给我你父亲欠我的钱?"法官问约翰。"我希望你不要像你的父亲那样,"法官说,"他是个懒汉,从不卖力气干活。"

那一年整个夏天,约翰每天都到别人的田里干活——除了晚上和星期天全天在自己家的地里干活。到了夏天结束的时候,约翰积攒了5美元交给法官。

冬季天气太冷,不能耕种,约翰的朋友塞夫给他提供了一个在冬季挣钱的机会。塞夫告诉约翰,靠狩猎获取兽皮能够挣到很多钱。但是他说,约翰需要75美元买一杆枪和捕猎用的绳、网以及在树林里过冬的食物。

你在为谁工作

约翰去见法官多恩,说明了他的想法,法官同意借给他所需要的那笔钱。

约翰吻别了母亲,和塞夫一起离开了家。他的背上背着一大袋食物、一杆新枪和捕猎用具,这些都是用法官的钱买来的。他和塞夫步行了几个小时,来到林子深处的一间小木屋前。这所小房子是塞夫几年前搭建的。这年冬天,约翰学到了很多东西。他学会了如何追捕野兽和怎样在树林里生存。大森林考验了他的毅力,使他变得勇敢,也使他的体格更加健壮。约翰捕到了很多猎物。到3月初,他得到的兽皮堆起来几乎和他的个子一样高。塞夫说,这些兽皮至少可以挣200美元。

约翰打算回家,但是塞夫想继续打猎直到4月份。因此,约翰决定自己一个人回家。塞夫帮约翰捆扎好兽皮和捕猎用的东西,让他能够背在背上。然后,塞夫说:"现在请注意听我说,当你过河时,不要从冰上走,河上的冰现在很薄。找一处冰已融化的地方,再找一些圆木捆在一起,你可以浮在上面过河。这样做会多花几个小时的时间,但是这样更安全。"

"好的,我会这样做的。"约翰急切地说。他想立刻就走。

这一天,当约翰快步走在树林中时,他开始考虑起他的将来。他要去读书学写字,他要给家里买一块大一些的农田。也许有朝一日,他也会像镇里的法官一样有权势,并受人尊敬。背上沉甸甸的东西使他考虑起到家后立即要做的事情:他要给母亲买一身新衣服,给弟弟妹妹们买些玩具,他还要去见法官。约翰恨不得马上就把父亲借法官的钱全部还清。

到了下午傍晚的时候,约翰的腿疼了起来,背上的东西也更加沉重。当他终于到达河边时,他高兴极了,因为这意味着他就要到家了。约翰没有忘记塞夫的忠告,但是,他太累了,顾不上去寻找一块冰已化了的地方。他看到河边长着一棵笔直的大树,它的高度足以达到河的对岸。约翰取出斧头砍倒大树。树倒下来,在河面上形成一座独木桥。约翰用脚踢了踢树,树没有动。他决定不按塞夫说的去做。如果他从这棵树上过河,那么用不了一个小时他就到家了,当天晚上他就能见到法官,并把欠下的钱还给他。

约翰身背兽皮、怀抱猎枪,跨到放倒的树上。树在他脚下稳如磐石。

然而,就在他快要走到河中央时,树干突然动了起来,约翰从树上掉到冰上。冰面破裂,约翰沉到水里,他甚至没来得及叫喊一声。约翰的枪掉了,那些兽皮和捕猎用的工具也从他的背上滑了下来。他没法抓住它们,湍急的河水把东西冲走了。约翰奋力挣扎到河岸。他失去了一切。他在雪地上躺了一会儿,然后,他爬了起来,找来一根长树枝,沿着河边来回走着。一连几个小时他戳着冰块,寻找那些东西。可是,他一无所获。

他径直来到法官家。天已很晚了,约翰敲门进去,他浑身冰冷,衣服潮湿。他向法官讲述了发生的事情。法官一言未发,直到他把话讲完。然后,法官多恩说:"人人都要学会一些本领,你却是这样来学习的,虽然这对你和我都很不幸。回家去吧,孩子。"

到了夏天,约翰拼命干活。他为家人种植了玉米和土豆,还到别人的田里干活。他又攒够了 5 美元付给法官。但是他还欠法官 30 美元——那是他父亲欠的债,还有用来买捕猎工具和枪的 75 美元,加起来超过 100 美元。约翰觉得这一辈子也还不清这笔钱。

10 月份的时候,法官派人叫来约翰。"约翰,"他说,"你欠了我很多钱,我想我能够要回这些钱的最好方法,就是今年冬天再给你一次狩猎的机会。如果我再借给你 75 美元,你愿意再去打猎吗?"约翰羞愧难当,好半天才开口说:"愿意。"

这一次,他必须独自一人进森林,因为塞夫已经搬到别的地方去了。不过,约翰记得印第安朋友教给他的所有本领。在那个漫长而孤独的冬天,约翰住在塞夫盖的小木屋里,每天出去打猎。这一次他一直待到 4 月底。这时候,他得到的兽皮太多了,因而他不得不丢掉他的捕猎工具。当他到达河边时,河上的冰已融化。他扎了一个木筏过河,尽管这要多花去一天的时间,他还是那样做了。到家后,法官帮他把兽皮卖了 300 美元。约翰付给法官 150 美元,那是他借来买打猎用具的钱。并把父亲借的那部分钱一张一张地交到法官的手里。

又到了夏天,约翰除了在自己家的田里干活,还去读书和学写字。这以后的 10 年里,他每年冬天都到森林里去打猎,他把卖兽皮挣来的钱全

你在为谁工作

部攒了下来。最后,他用这些钱买了一个大农场。

约翰30岁的时候,成了本镇的头面人物之一。那一年,法官去世了,他把他的那所大房子和大部分财产留给了约翰,他还给约翰留下了一封信。约翰打开信,看了看写信的日期。这封信是法官在约翰第一次外出打猎向他借钱那天写下的。

"亲爱的约翰,"法官写道,"我从未借给你父亲一分钱,因为我从未相信过他。但是我第一次见到你时,我就喜欢上了你。我想确定你和你的父亲不一样,所以我考验了你。这就是我说你父亲欠我40美元的原因。祝你好运,约翰!"信封里还装有40美元。

一个诚实的人,必然会受到他人的喜爱和敬重,一个勤劳的人,必然会得到成功的回报,一个勤劳而又诚实的人,最终一定会迎来好运。这是一种必然。

诚实是一种美德,对别人诚实才能获得别人的信任和尊敬,否则便一事无成。永远保持勤奋的工作态度,你就会得到他人的称许和赞扬,就会赢得老板的器重,最终获得成功。所以,一定要做一个既诚实又勤奋的人。

> **人生寄语**
>
> 谁和我一样用功,谁就会和我一样成功。
>
> ——奥地利作曲家 莫扎特

06 踏踏实实地工作,切忌好高骛远

千里之行,始于足下。无论做什么工作,首先要把自己的事情做好,从每一件事做起,一步一个脚印,努力工作,逐步地向目标前进。因为,大家都知道"不积跬步,无以至千里"的道理。

农民种地,工人做工,教师教书等,不同的角色承担着不同的义务。现代社会正处在一个动荡的转型期,社会的分工也越来越细,这就对现代人的生存本领提出了更高的要求。

现代人不但要能够适应多变的社会角色,还要对自身的角色有一份清醒的认识。假如你对信息方面的知识欠缺,最好不要到高科技领域一试身手;假如你对股市缺乏足够的了解,你不要因一时的冲动而摇身变为股民;假如你没有掌握推销技能,最好不要去当推销员……

这不是说人与人之间在社会上的人格是不平等的,而是说人在社会中所处的地位、身份、特长是不同的,这些不同造成个人工作能力也不同。所以说,当你做不了老虎的时候,那就做好一只猴了,好高骛远只会毁了你的前途。

我们都有这样的经验,当你在沙堆里的时候,无论你使多大的劲,总没有你在结实的路面上跳得高、跳得远。其实,工作也如此,如果你好高骛远,不能踏踏实实地做好本职工作,也就等于没有为自己的未来打下坚实的基础。

老子说得好:"不积跬步,无以至千里;不积小流,无以成江海。"不要

你在为谁工作

以为可以舍弃细小而直达广大,跳过近前而直达远方,跃过卑俗而直达高雅,不经过程而直奔终点。千里之行,始于足下。心性高傲、目标远大固然不错,但有了目标,还要为目标付出努力,如果你只空怀大志,而不愿为理想的实现付出辛勤劳动,那理想永远只能是空中楼阁,可望而不可及。

一个农家挤奶姑娘头顶着一桶牛奶,从田野里走回农庄。她忽然陷入幻想中:"这桶牛奶卖得的钱,至少可以买回300个鸡蛋。除去意外损失,这些鸡蛋可以孵得250小鸡。到鸡价涨得最高时,便可以拿这些小鸡到市场中去卖。那么,这样一年到头,我便可得到很多钱,用这些钱足够买一条漂亮的新裙子。圣诞节晚宴上,我将穿上漂亮迷人的新裙子,年轻的小伙子们都会向我求婚,而我却要摇着头拒绝他们每一个。"

想到这里,她真的摇起头来,头顶的牛奶倒在地上。她所有的美妙幻想顷刻消失了。这个故事是不是对我们有所启发呢?

不能脚踏实地者最大的失误在于不切实际,既脱离现实,又脱离自身,总是这也看不惯,那也看不惯。或者以为周围的一切都与他为难,或者不屑于周围的一切,不能正视自身,没有自知之明。你应该明白自己有多大的本事,有多高的能力,还要知道自己有什么缺点,不要只看到自己的长处和别人的短处。

如果你脱离现实便只能生活在虚幻之中,脱离了自身便只能见到一个无限夸大的变形金刚。不能脚踏实地,只能在空中飘着,那所有的远大目标也只不过是海市蜃楼。因此,在工作中,你必须认清自己的身份、地位、能力,自己能做多大的事,能做什么样的工作,采取什么样的方法和途径,心里有了底,工作起来才会更有针对性、分寸感,自然就会减少不必要的麻烦与障碍,就更容易找到自己的位置,找到进步的路。

清人金缨说:"收吾本心在腔子里,是圣贤第一等学问。尽吾本分在素位中,是圣贤第一等工夫。宇宙内事,乃己分内事;己分内事,乃宇宙内事。"

"收吾本心在腔子里""尽吾本分在素位中",就是说我们面对平凡的工作,心中存有一股认真做人的念头,在本分的工作中尽心尽力。像古人所说,你想做"圣贤"吗?这是第一等的学问和功夫。换言之,人要是有了这种态度,那就是平凡岗位上的"圣贤"。

尽到自己的本分,首先是对我们自己有利。你要保住饭碗,要获得薪水,还想升职加薪,你就要兢兢业业做好你眼前的这份工作。没有一个老板会喜欢雇用一个工作三心二意、业务一塌糊涂的职员。尽本分,对他人、对社会有利,还会使你受到他人和社会的尊敬。

尽本分应该是一种自觉的工作态度,而不是别人强加的。这种自觉,来自于我们对自己工作意义的理解,来自于对自己工作的热爱和自豪感。如果我们只是把工作看做纯粹糊口的手段,我们就很难热爱它,也就不会那么尽心尽力了。

每个人都希望能拥有自己理想的职业,从事自己感兴趣的工作,但世事经常难遂人愿。也许你以后会有合适的机会,那你当然可以重新选择,但也许你会一直在目前这个工作上干下去。无论你能不能拥有自己理想的未来,你应该努力把眼下这份工作做好。你要尊重这份你不大喜欢的工作,同样要尽本分,因为这个工作对你、对社会都是有利的。也许你不喜欢它,那是因为你还不了解它的意义。当你真正投入了、了解了、熟悉了,也许你会爱上它的。如果你最终发现它不适合你,你就把它当做你新

你在为谁工作

的职业或工作的预备课好了。预备课你也要认真读，哪能敷衍了事呢？

经济学家茅于轼在《中国人的道德前景》一书中说："一个商品社会的成熟程度可以用其成员对自己职业的忠诚程度来衡量。社会成员具有强烈的职业道德意识是商品经济长期锤炼的结果。一个人如果不尽本分、不忠于自己的职守，必然被老板淘汰，不像在德行的其他方面，如有什么缺点还不致立刻威胁到自己赖以谋生的手段及饭碗。"

一个不重视工作的人，绝不可能尊重自己，也绝不可能把工作做好。即使一个人没有一流的能力，也要脚踏实地地工作，一步一步地走下去。不要抱怨，努力做事，成功必定会向你招手。

人生寄语

人生苦短，须及时把握现在，因人类的知识范围极其有限，对于未知的事情，就如同海水般深不可测。

——佚 名

07 努力，独立完成自己的工作

常听到有人这样抱怨："靠山山倒，靠河河枯，真是倒霉到家了，到头来任何人都指望不上！"在这里，"山"和"河"是指他的亲人、朋友以及他想指望的一切人。

什么都靠别人，说到底是一种依赖心理，是懒惰的表现，为此而怨天尤人或沮丧不堪实在是没有志气的表现。

既然别人靠不住，为什么不靠自己呢？只要自己平时多努力一些，什么事情都会顺利地度过。还是那句话，靠山山倒，靠人人跑，靠自己最好。

一个9岁的小男孩，父亲在国外，他和母亲、兄弟姐妹相依为命，那时第二次世界大战还没有结束。

小男孩耐不住寂寞,就和住在他家附近的士兵交上了朋友。当时有一个陆军防空炮兵团就驻扎在那儿,因相距很近,交往起来很方便。

士兵常送些小礼物给他,如陆军伪装钢盔、枪带、军用水壶等。小男孩则从家里拿些糖果、杂志,或邀请他们到家中吃顿便饭作为回赠。

一天,一位士兵朋友对他说:"等到星期天早上5点,我带你去船上钓鱼!"

小男孩高兴地跳起来:"我太想去了,我甚至还从未靠近过一艘船呢,我总是用目光送出去好远,真羡慕!我总是梦想着有一天能在船上钓鱼。"

小男孩太兴奋了,嘴上也滔滔不绝,"噢,太感谢你了,我很快就要实现这一梦想了!我要告诉妈妈,星期六请你过来吃晚饭!"

到了星期六晚上,小男孩和衣而卧,为了保证不迟到,还穿着网球鞋。兴奋令他无法入睡,他幻想着海中的石斑鱼和梭鱼在天花板上游来游去,数也数不清。

早晨3点,他便起身,准备好渔具箱,另外还带着备用鱼钩和鱼线,将钓竿上的轴上好油,带上两份花生酱和果酱三明治。

4点整,他就出发了,带着钓竿、渔具箱、午餐和满腔的热情,在黎明前的黑暗中等待他的士兵朋友的到来。

等啊等,等到天边出现了鱼肚白,他的朋友还没出现。

等到了朝霞满天,还不见士兵的踪影,一个9岁的小男孩此刻的心情是何等的焦急。他盼望着奇迹的出现。

然而,他的那位士兵朋友失约了。

他后来回忆说:"那可能就是我一生当中,学会要自立自强的关键时刻了。我没有因此对人的真诚产生怀疑或自怜自艾,也没有爬回床上生闷气或懊恼不已,更没有向母亲、向兄弟姐妹及朋友诉苦,说那家伙没来,他失约了。于是,我跑到附近的杂货摊,花光我帮人除草所赚的钱,买了那艘心仪已久的单人橡皮救生艇。近午时分,我才将橡皮艇吹满气,把它

你在为谁工作

顶在头上,里面放着钓鱼的用具,活像个原始狩猎人。我摇着桨,滑入水中,假想我在启动一艘豪华大油轮。我钓到一些鱼,享受了我的三明治,用军用水壶喝了些果汁,这是我一生中最美妙的日子之一。那真是生命中的一大高潮。"

那次士兵朋友的失约,使他懂得了不能靠等去实现美好的愿望,要靠自己动手去完成它,只有这样才能真正获得成功的乐趣!

这次失约,从此改变了他的一生,那个9岁的小男孩,后来成了一名潜能激励方面的专家,他就是魏特利。

当时对他而言,在船上钓鱼是他最大的愿望,假如他被失望的情绪彻底击溃,望着理想化作泡影时自我安慰"我真的想去钓鱼,但那士兵朋友失约了,太可恨了,责任在他,我没有错。"那么,以后的魏特利也许会是另外一个样子。而他却采取了积极的行动,立即着手实现自己的计划,终于使愿望成真,从此也走向了一条新的人生之旅。

勤奋是治愈失望的最好的药,勤奋是通向成功的一座桥。

而依赖的习惯,是阻止你迈向成功的一个绊脚石,要想成就大事就必须把它们一个个踢开。成就大事的人认为拒绝依赖是对自己能力的一大考验。依赖别人是肯定不行的,因为这等于把命运交给了别人,而失去了做大事的主动权。

在工作中,我们每个人都会遇到困难,有些人一味寄托于别人的帮助和支持,不管有事没事总喜欢跟在别人的后面,以为别人能帮助自己解决一切难题,这样的人在工作中无疑养成了一种"心理依赖"。如果别人能满足自己,心理作用就会加强,工作中积极性会高一些;如果得不到满足,就颓废不振。

患上"心理依赖症"的人首先想到别人,追随别人,求助别人,人云亦云,不敢相信自己,不敢行使主权,不能决断。在家庭中,依赖父母;在工作中,依赖同事;就是不敢自我创造,不敢表现自己,害怕独立的人,从根本上说心理还没有成熟。

试想一下,一个身强体壮,背阔腰圆,重达90千克的年轻人两手插在口袋里,等着帮助,这是多么令人不齿的一幕。

无论何时何地,必须拒绝和消除依赖别人的不良心理现象。我们要有面对困难的勇气,解决困难的决心,努力独立完成自己的工作,才能取得他人的承认,获得他人的赞同,受到老板的表扬。如果我们不能有效地摆脱与消除在心理上对别人的依赖性,我们就无法消除人生道路上的各种障碍。

拒绝依赖性,只有我们努力把工作做好才有望得到提升,我们必须证明自己能独立的工作,才能证明我们自己是一个有用之才。

如果你依赖别人,那么你将失去自己的色彩;如果你依赖别人,你就至少部分地把自己交付给了自己所依赖的人,自己就受到了他的支配;如果你依赖别人,就会丧失主动进取的精神,使自己陷入被动的境地。

依赖别人会给自己造成怎样的困境呢?对工作不能认真完成,总是推三阻四;老是抱怨,寻找种种借口为自己开脱;对工作没有激情,总是推卸责任;不知道自我批评,不能完美地完成上级交付的任务;对自己的公司、老板、工作指手画脚,挑三拣四。你一旦变成了这样的人,试想一下,

你在为谁工作

你的人生会是怎样的呢?

依赖别人就等于自己接受了由别人强加给你的一种与你的个性与信念不相容的思维方式和行为方式。一味寻求"支援"与"帮助",将会危及自己的进步与成功。依赖别人,即使跟着别人获取过、拥有过什么,占据过什么,实际上你也是一无所有。因为依赖别人而成功的,实质上那是别人的成功,而自己仍然是一个不会独立、不会创造的失败者。

假如你已习惯于依赖别人,那么,给你开出的一剂最好的救治良药就是端正自己的坐姿,然后大声而坚定地告诉自己:努力,独立完成工作!

努力,独立完成工作!既然你选择了这个工作,就必须接受它的全部,必须去独立地完成它,而不仅仅享受它给你带来的益处和快乐。哪怕它前面有山峰和深谷,哪怕它后面有冰川和火海,哪怕有着屈辱和责骂,那也是这个工作的一部分,需要你自己去面对。

假如我们对自己负责任的话,不妨这样做:一旦你决心克服依赖别人的心理,你应当立刻从一些简单的调整开始,逐步改变自己总是依赖别人的不良习惯。当我们在工作中遇到困难时,当我们试图用种种借口来为自己开脱时,让这句话来唤醒你沉睡的意识:努力,独立完成自己的工作!

松下幸之助曾说过:"狮子故意把自己的小狮子推到深谷,让它从危险中挣扎求生,这个气魄太伟大了。虽然这种作法太严格,然而在这种严格的考验之下,小狮子在以后的生命过程中才不会泄气。在一次又一次地跌落山涧之后,它拼命地、认真地、一步步地爬起来。它自己从深谷爬起来的时候,才会体会到不依靠别人、凭自己的力量前进的可贵。狮子的雄壮,便是这样炼成的。"

脱离对别人的依赖,独立地发展和锻炼自己,扔掉拐杖,走出人生的误区,并不是一件非常困难的事情。因为别人能够做到的,相信我们自己也一定能够做到。

在困难面前,不要坐等别人的援助,要想办法克服,翻过这座高山,你的眼前将是一片开阔的天空。

当我们放弃依赖别人的念头,决心自强自立,从这时候开始,我们就迈出了成功的第一步。就这么顽强地向前走,百折不回,你会惊奇地发现原来你在许多方面都毫不逊色于你当初崇拜的偶像。

摆脱一份依赖,你就多了一份自主,也就向自由的生活前进了一步,向成功的目标迈进了一步。

自主的人,能傲立于世,能力拔群雄,能开拓自己的天地,得到他人的认同。勇于驾驭自己的命运,学会改变自己,自主地对待工作,这就是成功的意义。

人生寄语

您得相信,有志者事竟成。古人告诫说:"天国是努力进入的"。只有当勉为其难地一步步向它走去的时候,才必须勉为其难地一步步走下去,才必须勉为其难地去达到它。

——俄国文学家 果戈理

第四章

以积极的心态从事你的工作

无论在多么糟糕的环境中,人们都会有最后的自由,那就是选择自己的态度。有的人遇到困难便退缩,"我不行了",错误的心理暗示导致了失败的结局。有的人用"我要!我能!""一定有办法"等积极的意念鼓励自己,想尽办法,不断前进,直至成功。不同的心态导致人生惊人的不同。

你在为谁工作

01　有什么样的态度，就有什么样的人生

　　态度与结果的关系是每一位成功者都必须要考虑的人生课题。事业成功的人，往往都能够充分地运用良好心态的力量。有这样一则古老的故事，我们可以从中体会出态度的重要性。

　　在古代法国，有一位剑术高超的击剑大师，他经过多年的精挑细选，才选中了两位天赋都很高的学生，教授他们剑术，希望他们能继承自己的衣钵。

　　学生多戈在这位大师传授剑术的时候，总是觉得自己天资聪颖，领悟力强，学剑术招式不费什么力气，所以总是想着邻家的少女、胜利的勋章，不肯在剑上下工夫。而学生尼斯却总是细心地听从大师的讲解，精心揣摩剑术的奥妙，无事时便研究剑术，钻研各派剑术的精妙所在。

　　几年过去了，尼斯的剑术大有长进，甚至超过了自己的老师，名声传遍天下。而多戈剑术平庸，只能在朋友面前吹嘘一下自己。

多戈感到很不公平，去质问老师，觉得老师偏袒了尼斯。而老师的回答却很简单，只有两个字：态度！

有什么样的态度，就会有什么样的人生。而杰克的故事，正好验证了这两个字的力量。

杰克应聘到一家公司的时候，只是一个默默无闻的职员，没有人注意他。但他每天都面带笑容和每一位同事打招呼，每天都充满激情地工作，好像那不是一份工作，而是他自己的生命。他总是主动要求承担更多的责任，而且尽可能地把事情做到最好。有一次，公司的业务遇到了很大麻烦，在众人束手无策的时候，杰克利用自己平时积累的经验，帮公司解决了难题。

故事的结局大家肯定早已料到，杰克进入公司的领导层，而在对杰克的评语上，也只有简单的几个字：绝无仅有的工作态度。

人的态度随着环境的变化，会自然地形成良好的和恶劣的两种。思想与任何一种态度结合，都会形成一种"磁性"力量，这种力量能吸引其他类似的或相关的思想。

阿斯那是一名极其普通的推销员，生活水平一直没有太大的提高，离自己理想的目标还有相当的差距。一次，他从朋友那里听说芝加哥一家公司要招聘数名销售人员，他决定前去应聘，希望得到这份待遇较高的工作。他在面试的前一天抵达芝加哥。

傍晚，夕阳西下之时，他在旅馆后花园中散步，脑际中一直有一种莫名的恐慌：怎样才能实现自己的愿望，怎样才能走向事业的成功？不知是不是这种思绪的困扰，他想了很多，把自己经历过的事情都在脑海中回忆了一遍。这时，在他的脑海中浮现出了四位与自己相交多年的朋友。现在他们的薪水比自己的要高，工作也比自己的好，其中两位是自己最可信赖的朋友，如今已经住进了高级别墅，另外两位是他以前的老板。他不由地扪心自问，和这四个人相比，工作能力不相上下，自己还有什么地方不如他们？聪明才智？说句心里话，他们实在不比自己高明到哪里去。可是为什么自己至今仍然一事无成呢？

你在为谁工作

回到房间后,他依旧不断地反复思考,终于悟出了症结所在——不能做自己的主人。特别是在对待工作的态度上,他从内心里承认朋友们确实胜自己一筹。深夜,他仍然毫无睡意,他的脑子出奇的清醒,他彻底地看清了自己,认识了自己,看到了一个真实的自我,他发现很多时候自己不能以积极的态度对待事情。

那天晚上,他毫不留情地进行了深刻的自我检讨。他拿出了纸和笔,把自己从懂事以来的不足一一记录下来:极不自信、妄自菲薄、得过且过等等。

当他总结完自己的缺点与不足后,立即痛下决心:自此以后,再也不会有这些想法,一定要做自己思想的主人,克服自己的缺点,完善自我。这时,他感到了自己有一种脱胎换骨般新生的感觉,并满怀着对未来成功的喜悦,躺在床上美美地睡了一觉。

第二天早晨,他满怀着一定成功的信心去面试,通过主考官的严格考察,他最终被录用了。在他看来,自己之所以能够获得这份工作,与前一天晚上的沉思与觉悟有着不可分割的关系。

阿斯那在那家公司工作的两年里,通过自己的不断努力,赢得了大家的信任和好感,为自己赢得了好的声誉,每个人都认为他是一个乐观、积极、热情、负责任的人。在第三个年头经济不景气的情况下,阿斯那的思想经受住了极大的考验,准确把握住了自己思想的航向,使自己一步步走向成功。随着自己业绩越来越好,阿斯那最终荣升为总经理,薪水也大大提高了。

从阿斯那身上,我们认识到,只有发现自己的不足,并努力改变自己的态度,不断地完善自我,才能在工作中不断前进,实现自己梦想。

有什么样的态度,就会有什么样的结果。我们只有端正工作态度并坚持不懈,才能达到完美的境地,并实现自己的愿望。

如果我们正身处逆境,那么我们所能做的就是认清自己不妙的处境,及时总结自己的缺点与不足,铲除身上的偏执与放任,并采取措施努力改变自己的命运,这样我们就能脱胎换骨,成为能够巧妙引导能力与态度相结合,直至达到成功的智者。

良好的态度能激发起我们自身所有的聪明才智;而恶劣的态度,就像蜘蛛网缠住昆虫的翅膀、脚足一样,遮挡住我们才华的光辉。

如果我们能学会用积极的态度考虑一切,并且相信我们一定会成功,信心就会使我们成就我们制定的所有的明确目标。但是如果我们接受了消极态度并且满脑子想的都是恐惧和挫折的话,那么我们所得到的也都只是恐惧和失败而已。

凡是一个具有积极心态的人,都必须善于勾画自己成功的"心像图"。皮鲁克斯曾说过:"重要的是你如何看待发生在你身上的事而不是到底发生了什么事。"这种积极的心态必将让你自己创造奇迹,从而真正成为自己的主人。

人生寄语

专长的好用,只是"好用"的条件之一,更重要的是态度。

——台湾出版家 何飞鹏

02 热情是工作的灵魂

很久以前,有一个美国记者到墨西哥的一个部落采访。这天是个集市日,当地土著人都拿着自己的物产到集市上交易。这位美国记者看见一个老太太在卖柠檬,5美分一个。

老太太的生意显然不太好,一上午也没卖出去几个。这位记者动了恻隐之心,打算把老太太的柠檬全部买下来,以便使她能高高兴兴地早些回家。当他把自己的想法告诉老太太的时候,她的话却使他大吃一惊:"都卖给你?那我下午卖什么?"

你在为谁工作

拿破仑·希尔说:"人生的最大生活价值,就是对工作有兴趣。"做同一件事,有人觉得做得有意义,有人觉得做得没意义,其中有天壤之别。做不感兴趣的事所感觉的痛苦,仿佛置身在地狱中。做事情觉得非常愉快的人并不多,因此最好尽量选择适合你兴趣的工作,这样你就不会觉得辛苦。

爱迪生曾说:"在我的一生中,从未感觉在工作,一切都是对我的安慰……"

大仲马的写作速度是惊人的。他活到68岁,到晚年自称毕生著书1200部。他白天同他作品中的主人公生活在一起,晚上则与一些朋友交往、聊天。有人问他:"你苦写了一天,第二天怎么仍有精神呢?"他回答说:"我根本没有苦写过。""那是怎么回事呢?""我不知道,你去问一棵梅树是怎样生产梅子的吧!"看来大仲马是把写作当做乐趣,当做生活的全部。

奥格·曼狄诺提醒我们,千万不要和朋友这样谈论自己的老板和公司:"我要应付那些我不愿做的事;为什么一定要给那个讨厌的工头干活;

第四章　以积极的心态从事你的工作

老板一点也不了解我,不信任我。"这样你容易给人一个消极、爱发牢骚的印象,也会使你自己丧失上进的动力和兴趣,阻碍你的发展。

研究表明,对自己感兴趣的事物,人们都会产生强烈的积极进取的意念,总是要做得好一些;而对讨厌的事情,则唯恐避之不及。解决一个很感兴趣的问题时,灵感会源源不断地涌现;而从事一件讨厌的工作时,灵感几乎等于零。

奥格·曼狄诺指出:"不管是什么样的事业,要想获得成功,首先需要的就是工作热情。推销事业尤其如此。因为推销员整日、整月,甚至整年地到处奔波,辛苦推销商品,所遭遇的挫折、失败不说,就是推销工作所耗费的精力和体力,也不是一般人所能吃得消的,可想而知,推销员是多么需要热情和活力。可以说,没有诚挚的热情和蓬勃的朝气,推销员将一事无成,所以,推销员不仅要锻炼健康的体魄,更重要的是具有诚挚热情的性格。热情就是推销成功的首要条件,只有诚挚的热情才能融化客户的冷漠拒绝,使推销员'克敌制胜',可见,热情确是推销员成功的一种天赋神力。"

热情是工作的灵魂,甚至就是生活本身。年轻人如果不能从每天的工作中找到乐趣,只是因为要生存才不得不从事这样的工作、不得不完成这样的职责,这样的人几乎注定是要失败的。

你要找到自己的热情,正如信心和机遇那样。热情全靠自己创造,而不要等他人来燃起你的热情火焰。《从失败到成功的销售经验》一书的作者弗兰克·贝特格认为:"缺少自身的努力,任何人都无法使你满腔热情;没有自身的努力,任何人都无法使你渴望去达到目标。"

热情应该是一种能转变为行动的思想,一种动能,它像螺旋桨一样驱使你向成功的彼岸努力。但首先你得有一个决心要达到的目标。热情意味着对自己充满信心,能望见遥远的胜利景色。热情能使你集中自己的全部精力,勇气百倍,也能使你自律自制,修身养性,日臻完善。

奥格·曼狄诺指出:正确的思想,会使任何工作都不再那么讨厌。老

你在为谁工作

板要你对工作感兴趣,他才好赚更多的钱。但是我们何不忘掉老板想要什么,而只是想着对工作感兴趣,对自己有好处。提醒自己,这样可能使自己从生活中获得加倍的快乐,因为你醒着的时候,约有一半时间要花在工作上。要是在工作中找不到快乐,就绝不可能再在任何地方找到快乐。不断地提醒自己,对自己的工作感兴趣,可以将你的思想从忧虑上移开,而最后,还可能带来晋升和加薪。即使不这样,也可以把疲乏减至最少,并帮助你享受自己的闲暇时光。

在古希腊神话中,有一个西西弗的故事。西西弗因为在天庭犯了法,被天神惩罚,降到人世间来受苦。对他的惩罚是要推一块石头上山。每天,西西弗都要费很大的劲把那块石头推到山顶,然后回家休息。可是,在他休息时,石头又会自动地滚下来,于是,西西弗又要把那块石头往山上推。这样,西西弗所面临的是永无止境的失败。天神要惩罚西西弗,也就是要折磨他的心灵,使他在"永无止境的失败"命运中,受苦受难。

可是,西西弗不肯认命。每次,在他推石头上山时,天神都打击他,告诉他不可能成功。西西弗不肯在失败的圈套中被困住,一心想着:"推石头上山是我的责任,只要我把石头推上山顶,我的责任就尽到了,至于石头是否会滚下来,那不是我的事。"

再进一步,当西西弗努力地推石头上山时,他心中显得非常的平静,因为他安慰着自己:明天还有石头可推,明天还不会失业,明天还有希望。天神因为无法再惩罚西西弗,就放他回了天庭。

西西弗的命运可以解释我们一生中所遭遇的许多事情,西西弗的努力也可以是我们努力工作的写照,但是,西西弗能把命运转换成使命的方式,是否亦应是我们的生活模式?

每个人都有其独特的技术、才能与兴趣所在。我们应根据自己的兴趣和特长来选择相关的职业,这样你会得到更多的快乐和更大的成功。

人生寄语

没有热情,任何伟大的业绩都不可能成功。

——美国哲学家 爱默生

03　激情与成功有约

激情是战胜所有困难的强大力量。它使你保持清醒,使你全身所有的神经都处于兴奋状态,去进行你内心渴望的事。

教师以积极的心态,激情备课、讲课,会像阳光、雨露一般,驱散学子们消极情绪产生的心理阴霾,激发学子们的求知欲望,使之产生积极的心理效应。

父母在家庭教育中以不断激励孩子成功的表情、语言、动作与孩子相处,以激情感染孩子,了解孩子,尊重孩子,指导孩子,帮助孩子,就能将"父母""教师""朋友"的三重身份融合在一起,并使孩子在激情的感染下健康成长。

领导对工作激情,则有助于事业兴旺发达。过去,曾流行过一句口头禅:"村看村,户看户,社员看干部。"领导干部的激情是员工积极行为的巨大动力源,它会激励员工挖掘潜能,克服艰险,攻克难关。

每个人都以充满激情的心态做好自己的工作,为自己加油打气,学习更多的新知识,就会距成功越来越近,因为激情与成功有约。

第二次世界大战期间,美国女记者多萝西·汤普森将她的报纸专栏作为打击法西斯主义的武器。她的专栏文章由报业辛迪加向150家报社发稿,那些富有洞察力又注入了丰富情感的政治评论,使得同行们充满理性的专栏文章黯然失色。到1940年,她的读者高达700万人。满怀激情的工作成就了汤普森。

你在为谁工作

在职场上，这种激情创造成功的范例还有许多许多。我们生命的一半是给工作的，如果我们缺乏对工作的激情，工作就会变成无休无止的苦役，这是一件非常可怕的事情。正如加缪描写的古希腊神话中的西西弗的境遇：他不停地把一块巨石推上山顶，而石头由于自身的重力又滚下山去，再也没有比进行这种无效无望的劳动更严厉的惩罚了。然而，倘若我们真的处在这样的命运摆布之中，尽管可以找到怨天尤人的理由，但是，有一点必须明确，我们自己应对困境负主要的责任。我们往往把工作当成赚钱的手段，很少把它与实现快乐的途径联系在一起，而对待工作的态度是以金钱的多少来衡量的。

郑小姐大学毕业后到一家创办不久的文化公司从事展销业务，本来展览经济是一个新的增长点，在这一行里有许多美好前景可以开拓，但初创阶段的公司业务并不是很好，郑小姐的工资要比一同毕业的同学少一半。收入上的差距，经济的拮据使她心理不平衡了，她开始私下寻找跳槽的机会。结果非但跳槽不成，她在公司第二年的竞聘上岗中也落聘了。

这山望着那山高，郑小姐的致命伤在于她丧失了上进的动力和兴趣，从而延误了自己的发展。其实工作的成就感绝不只是靠金钱得到的。把收入看淡一点,在工作中寻找兴趣,远比盲目地另找一份高薪工作要实际。更多的时候,工作的激情,不在于工作本身有趣与否,而在于我们有没有热情投入到工作中去。许多工作,正是因为我们没有投入,也就发现不了其中的乐趣。不妨做个这样的试验,在两个时间段里,分别以积极的态度和消极的态度去做手头的工作,再枯燥的工作,只要你努力去做,也会变得有趣起来;而再有趣的工作,如果你兴味索然地去干,也会变得了无生趣。工作的价值取决于我们的态度,这就是工作的哲学。

在平凡的工作中点燃自己工作的激情是非常重要的。如果把工作看做是创造力的表现,那么一个教师就会以极大的热情讲好她的每一堂课;一个记者就会以探索的视角去看待他报道的新闻事实;一个厨师就会以艺术家的执著去配制他一流的拼盘。人们对自己喜欢的事业总是倾注巨大的激情,一个平时连一步也不愿意走的人,为得到他喜欢的一本书能跑遍城市而不觉得辛苦。

我们要善于培养工作的激情,而下列条件是产生激情必不可少的条件:

1. 保持平衡。这是指认识工作难度与工作能力之间的差距。如果工作太简单就无法激起工作热情,大脑必然会松懈下来,从而不能取得应有的工作效率;反之,工作难度大,以致负担过重,无法胜任,就会打击人的自信心,让人陷入沮丧之中。

2. 价值。如果你从事的是一份你认为无足轻重的职业,那你肯定不会忘我地工作。只有你选择的职业符合你的价值观,能充分发挥你的特长,让你觉得有意义的时候,你才会不断努力,争取成功。因此你可以列出几项自己喜爱的职业,进行分析,分别找出是什么吸引你,然后找出你觉得最有意义的一项去从事。它将成为激励你克服障碍、锐意进取的动力。

3. 确定目的。我们在做具体工作的时候,很容易只把它作为一项任务来完成,然而事实上每项工作都有其明确的目的。如果我们能随时在心里明确这个目标,提醒自己,完成这项任务将有利于推动整个项目的发展,我们也就有了努力的方向,而不至于懈怠。

4. 控制力。不论你从事哪种工作,都应培养良好的控制力,要有信心把工作向好的方向推动,否则,你就很容易产生一种失败感。

5. 对公司进行整体评估。作为公司的一员,应该头脑清醒地对公司进行整体评估。了解它的现状、未来的走向、它的人事变动及其原因。只有当公司文化符合你个人的价值观、期望值时,你才会真正融入其中。

6. 构想未来。首先,认真构想一下自己的将来,10 年、20 年以后,你希望过上怎样的生活,从事什么样的职业,并把它作为前进的目标。如果你明白现在所做的正是为未来的成功铺平道路,就一定会努力工作,为自己创造出积极进取的氛围。同时,为了实现未来的构想,应该好好规划一下现在的生活,问问自己,我现在做的工作是否有利于我更快地达到最终目标。如果不能,那么我选择什么样的工作更合适。这种追问应该不断反复,直至找到最佳职业。

7. 以轻松的心情对待工作。削减 10% 的工作时间,让自己每天早点结束工作。你就会发现,原来这并不是一件很难的事情,而且,这么做几乎不会影响到你的工作质量,反而会提高你的工作效率。你可以每天拨出一个小时的时间,来应付那些扰人的电话、临时会议、寻找文件和其他会剥夺你时间的杂事,这些杂事在商业社会中是不可避免,也是我们平时很少留意的。明确地规划这种时间,可以让你去正视那些麻烦的存在,也可以减少伴随而来的烦恼。

总之,如果繁杂的工作使你厌倦不已,你就应该适时适量地减少你的工作量,只要你确信这样做可以使你的心情更为放松愉悦,相信必然会为你的工作带来更大的效率。

就像美一样,源源不断的热情,使你永葆青春,让你的心中永远充满阳光,它固然是上天的馈赠,然而也是可以通过培养得到的。请用你的所有,换取满腔的热情,就像温德尔·菲利普斯说的:"热情是生命的灵魂。"

人生寄语

智慧的最大成就，也许要归功于激情。

——法国作家　沃韦纳戈

04　调动自己工作时的积极性

积极思考是一种智慧的力量，是创造力、进取精神和激励人心的力量，支撑和构筑着所有成就。一个精力充沛、充满活力的人总是创造条件使心中的愿望得以实现。

许多人都有过这般的经验——在情绪低潮时和欣喜若狂时对这个世界的看法截然不同，前者暗淡无光，后者鲜活愉快，同样的世界在同一个人看来竟有全然不同的感受，这种感受来自自我情绪，犹如戴上不同色彩的眼镜看世界，那是不真实的世界。

思想对人生的影响很大，甚至说它可以掌控我们的生活。确切地说，积极的思想也可以创造人生的奇迹，"我思，故我在"。人世间确实有这样一种神秘的力量——积极思考。

在人生竞技场上大致有三种人：一种是"旁观者"，另一种是"失败者"，还有一种是"成功者"。积极思考有时之所以无效，最重要的原因是，我们没有真正去运用这一原则。有两位年届70岁的老太太，一位认为到了这个年纪可算是人生的尽头，于是开始料理后事；另一位却认为一个人做什么事不在于年龄的大小，而在于有什么样的想法。于是，她在70岁高龄开始学习登山，其中几座还是世界名山。这位老太太以95岁高龄登上了日本的富士山，打破攀登此山年龄最高的纪录。她就是著名的胡达·克鲁斯老太太。70岁开始学习登山，这乃是一大奇迹。而这个奇迹是人创造出来的。

你在为谁工作

你是怎样思考问题的往往决定了你是不是会成功。一个人如果是个积极思维者,实行积极思维,喜欢接受挑战,那他就成功了一半。胡达·克鲁斯老太太的壮举正验证了这一点。

毕业生进入公司之初,常常要从最底层干起,这再正常不过了,但是志向高远的你可能会很失望,甚至可能会有"既有千里马,缘何无伯乐"的感慨。这时需要我们改变自己的看法,积极转变消极思想,调动工作的积极性。每台机器的正常运转,都要依赖所有部件毫无故障地发挥作用,假如某个齿轮或螺丝钉突然失灵,整台机器都会连带受损甚至停转。新职员和企业的关系也是这样,如果你消极怠工,对于整个工作的进程和效益必然会产生或大或小的不利影响,有时也可能会误大事。

某市一家五星级酒店,林小姐应聘为该店职员,被分配到洗手间工作。刚开始时,她有很大的情绪,认为洗手间工作低人一等。但她转念又想,自己刚工作没什么经验,说不定这正是个锻炼自己的好机会呢。就这样,她积极地工作着,在工作中她认识到工作没有高低贵贱之分,酒店的每一份工作都关系到酒店的服务质量和整体形象。由于她工作认真,服务热情周到,拾金不昧,许多客人在接受她的服务之后,都绝口称赞,她被誉为酒店的榜样。她出色的工作表现为酒店赢得了很多回头客,不久,她也为自己赢得了升职的机会。凭借自己的努力,林小姐获得了拓展事业的更大平台。

不论在什么样的工作岗位上,我们都应该积极主动的思考问题。当我们在工作中遇到困难时,应该用最积极的思考、最乐观的精神和最辉煌的经验支配和控制我们,不要受种种失败与疑虑所支配。

有些人总喜欢说,他们现在的境况是别人造成的。这些人常说他们的想法无法改变。其实,如何看待人生、把握人生由我们自己决定。人在智力上是有差别的,但是差别很小,智力超常和智力低下者都占极少数,不到3%。谁都羡慕神童,期望自己有超常的智力,但是智商超常就等于前途无量吗?任何人从事任何职业和活动,都需要有一定的技能,然而技能高就能取得好的成绩吗?身体的健康是一个人的第一财富,但是身体好了就是健康吗?其实只要稍加思考我们就可以对以上问题予以否定,任何时候我们都不能忽视一个关键的因素,那就是人的心理状态。天才和伟人之所以不同,其决定因素不是智商,不是技能,也不是身体条件,而是心态。

所谓心态即心理态度的简称,就是人的意识、观念、动机、情感、气质、兴趣等心理状态的一种。它是人的心理对各种信息刺激做出反应的趋向。人的这种心理反应趋向不论是认识性的、感情性的,还是行为性的、评价性的,对人的思维、选择、言谈和行为都具有导向和支配作用。所以我们有充分的理由相信人生的成败有许多因素的影响,但是起决定作用的就是心理态度。

佛说,物随心转,境由心造,烦恼皆由心生。说的是一个人有什么样的心理态度就会产生什么样的生活现实。歌德也曾经说过:"人之幸福在于心之幸福。"

在日常生活中,我们可能都有这样的感觉,好像每天都做同样的事情,今天是昨天的重复,明天又是今天的翻版,既单调又平凡。如果这样想,人生就毫无希望、毫无意义了。其实,生活不应是单调的反复。今天

你在为谁工作

应该比昨天进一步,明天则比今天进一步。要以积极的心态面对生活中的每一天。对生活如此,对工作亦如此。

那位哲学家皇帝马可·奥勒留斯曾说过:"人的一生是由他的想法所造成的。"的确,如果你采用积极的心态来思索解决问题的方法时,你就可以借着思考走向成功和快乐,积极地工作并享受快乐工作的乐趣,从而在工作中发挥最大潜能。

人生寄语

你要追求工作,别让工作追求你。

——美国科学家　富兰克林

05　自信是金,何时何地都会发光

许多人都爱看拳击比赛。不但爱看紧张激烈、扣人心弦的搏击场面,它实在是令人心情振奋,热血沸腾;而且也爱看双方被教练、保镖等簇拥着的入场式,瞧那趾高气扬、目空一切的傲气,真让人打心眼里为他们喝彩。

人有时确实需要有些"舍我其谁也"的傲气。那是一种实力强大的写照,是能战胜一切强敌的强大恢宏的气势,是一种先声夺人的无比自信。

一切的成功、幸福、快乐,都构筑在坚实强大的自信基础之上。

自信,说简单一些,就是我们平常所说的精气神。一个人缺了精气神,从表面上看就给人一种病歪歪的感觉,往深里说,这人干不成什么大事。

一个人的自信,首先表现在有自己的主张,对自己的观点绝不轻易更改,更不会人云亦云。在这一点上,哪怕是极小的一件事,他们也表现得卓尔不凡,甚至可以说是"鹤立鸡群"。

爱因斯坦在没出名前很穷,常常穿一件破旧的大衣出现在纽约的大街上。为此,经常引得一些人驻足观看,以为是哪来的乞丐,爱因斯坦自己对此却毫不在意。

一天,寒风刺骨,雪花飞扬。爱因斯坦依旧裹着那件旧大衣前行。突然,正在步履匆匆的他被一位老朋友叫住:"亲爱的爱因斯坦先生,你……"老朋友欲言又止。

"请问您有什么事吗?"爱因斯坦问。

"噢,是这样的,我觉得您这件大衣有些……有些不合时宜,"朋友不好意思地说,"瞧,很多人都在看您呢。"

"是吗?没关系,反正大家也不认识我。"爱因斯坦向朋友致谢,然后继续从容赶路。

时光飞逝。几年后的一天,爱因斯坦又和这位朋友邂逅。

爱因斯坦已今非昔比。他凭着在科学上无与伦比的贡献,已经名扬天下,无人不知,无人不晓。然而,他依旧穿着那件又破又旧的大衣。

"我亲爱的爱因斯坦先生,现在您已经是大名人了,相信买一件大衣早已不成问题了,可您为什么还对它恋恋不舍呢?"朋友忠告他,"爱因斯坦先生,这可有损您的形象啊!"

爱因斯坦哈哈大笑,对朋友亲切地说:"是吗?我怎么就没觉得。"他看了看正在观看他的人们,"反正这儿的人都已认得我了,还有必要换一件大衣吗?再说,我看不出一件大衣的新旧与发明创造有什么关系呀!"

朋友无奈地摇摇头。爱因斯坦若无其事地向自己的实验室走去。

一个人的自信力,首先来自于他的内心,光靠几件华贵的名牌是包装不出来的。爱因斯坦的表现便是最为有力的证据。一件破旧的大衣遮挡住的是严寒风雪,却掩不住他强大自信的耀眼光芒。朋友的善意忠告,旁人冷冷的白眼同样熄不灭他自信的火焰。

很多时候,人们生存、拼搏、奋斗直至取得成功,靠的是自信的支撑。

你在为谁工作

自信犹如一座大厦的柱梁,有了它,大厦才会高入云端,屹立不倒。

自信是一个人的脊梁,有了它,人们才能挺起腰,顶天立地的真正做人。

有一个人,下海经商好几年,不但没有像别人那样,腰包鼓鼓挣到大钱,反而将几十年的积蓄也赔了个精光,还欠了人家很多的债,他从此心灰意冷,一蹶不振。他每天除了借酒消愁,便是懒洋洋地躺在床上,目光傻傻地望着天花板发呆。任何事都引不起他的好奇和冲动。

许多朋友过来劝说,大道理讲了两火车,他只言片语也没听进去。后来他索性闭门拒不见客,如一只在茧中封闭着的蚕。

一天,一位朋友从网上给他发来一封信,叫他好好看看,细细地思量一下,也许会对他有些帮助。无奈之下,他打开电脑。看过之后,深受震动。是一封什么信呢?所谓信,其实是一篇文章。大意如下:

一位被父母遗弃的男孩被送进了孤儿院。世界上最亲近的人莫过于父母了,可连他们都不要自己,活着究竟还有什么意思呢?他百思不解,于是他去问孤儿院的院长,

院长温和地笑笑,伸手递给他一块石头,对他说:"明天你把这块石头拿到市场上去卖,看看有没有人买,如果有人买,不管别人出多高的价钱,千万不能卖,要完好地拿回来。"

第二天,他来到熙熙攘攘的早市上,在一个角落蹲下来,将石头掏出,大声叫卖。好奇的人们纷纷围拢过来,有人在评头论足,有的人开始出价欲买,在几个人的争执下,价越抬越高,大出他的意料。

回到孤儿院,男孩向院长作了报告。院长依然温和地笑笑,"明天把它拿到黄金市场上去卖,不管别人出多高的价也不要卖。"

第二天,男孩按着院长的吩咐,来到了黄金市场上,刚把那块石头摆出来,便有人要拿出比昨天最高价还要高出10倍的价钱来买。当然他没有卖,院长说过,即使出的价再高,也不能卖。

院长听完男孩的汇报,对他说:"孩子,很好。明天你把它拿到珠宝市场上去卖看看如何。"

第四章 以积极的心态从事你的工作

男孩痛快地答应了。

到了珠宝市场,那块石头的身价又比黄金市场上涨了10倍,因为院长有言在先,任谁出多高的价钱也不卖,所以人们便纷纷猜测说那是一块稀世珍宝,简直可以说是价值连城。

一连几天,一块普通的石块成了炙手可热的大红大紫之物,男孩非常迷惑,"为什么会这样呢?"他扬着小脸认真地问。

院长收起和蔼可亲的笑容,对孩子语重心长地说:"人的价值就像这块非常普通的石头,在不同的环境中就会体现出不同的价值来。由于你的珍惜、不轻易出手更使它迅速增值,甚至被人们传为无价之宝。"

院长拍了拍男孩的肩,"孩子,只要你自己看重自己,珍惜自己,你就会觉得活着很有意义!"

这位朋友猛然醒悟,不管是早市、黄金市场和珠宝市场,你怎么看全由你内心决定。心中的自信心越强,就像那块石头被放到了珠宝市场上,自身的价码才会比在早市上高出百倍!

从此,他从沉沦中振作起来,知道了如何培养自己的自信,如何利用自己的自信。从前的商海溺水,在他的眼中已不是可怕的惨败,它不过是上天对他的一种特殊磨炼,是馈赠给他的一份特殊礼物,是千金难买的经验。他开始变得沉着而老练,不再惧怕别人的冷嘲热讽。就像一位哲人说的那样,被火烫过的孩子依然爱火,依然执著于他认定的事。终于他又站了起来,成为强者。

人人都看得起自己时,自己千万不要过分地看重自己。因为过分地自信就等于自负。

别人对自己有所轻视时,自己千万不可低估了自己。因为自己看不起自己的人,别人也会看不起你。

一个人只有不畏困难,不轻言失败,信心百倍,朝着既定目标永不回头,才会在有生之年走向成功。

肯尼迪在1961年当选为美国第三十五任总统。他在1956年参加副总统竞选时败给了他的对手凯弗伦尔。竞选的失败并未给他造成沉重的

95

你在为谁工作

打击,他随后便乘飞机去欧洲休养。

一天,他正在里韦拉他父亲租来的房子前享受日光浴,他妹妹的前夫坎菲尔德恰巧从他面前经过。坎菲尔德问他为什么那么想当总统。

"我想这是我唯一能干的事情。"肯尼迪漫不经心地回答。

人生中有些事情其实我们都做得到,只是我们不知道自己能做到。但是,如果我们坚定信心并为之努力,我们就能做到。

美国第十六任总统亚伯拉罕·林肯是美国历史上最伟大的总统之一,不过林肯的容貌实在令人不敢恭维。

一次,他和斯蒂芬·道格拉斯进行激烈的辩论,双方唇枪舌剑,各不相让。道格拉斯说他是个典型的两面派。

曾经担任过律师的林肯马上对众人说:"现在,让所有的观众来评评看。道格拉斯称我为两面派,要是我还有另一副面孔的话,试问,您认为我会戴这副这么难看的面孔吗?"

自信会给人带来的机智,往往也令对手措手不及,林肯的雄辩让对手觉得自己只不过是块垫脚石而已。

抗日战争时期,北平伪警司令、大特务头子宣铁吾过生日,为了提高自己的身价,硬是邀请著名国画大师齐白石前去赴宴作画。

第四章 以积极的心态从事你的工作

齐白石来到宴会上,略微环顾了一下满堂的宾客,稍作思索,便铺纸泼墨,转眼之间,一只水墨螃蟹便跃然纸上。

众人见了这栩栩如生的墨宝都赞不绝口,宣铁吾更是喜形于色。不料,齐白石笔锋轻转,在画上题了一行字:"横行到几时,"后书"铁吾将军",然后仰头拂袖而去。

自信的人绝不会在任何强权面前低头,绝不会"低眉折腰侍权贵,使我不得开心颜"。

一次,著名作家老舍家里来了许多文学青年,向他请教怎样写诗。

老舍非常谦虚,说:"我不会写诗,只是瞎凑而已。"有人提议,请老舍当场"瞎凑"一首,众人纷纷赞同。

大雨冼星海,长虹万籁天。

冰莹成舍我,碧野林风眠。

老舍随口吟出的这首清新别致的五言绝句,寥寥20字把8位人们熟悉并称道的文艺家的名字,巧妙地"瞎凑"在一起,形象鲜明,意境开阔,余味无穷。青年们听了,无不赞叹叫绝。

诗中提到的大雨即孙大雨,现代诗人,文学翻译家;冼星海,著名音乐家;长虹即高长虹,现代名人;万籁天是戏剧、电影工作者;冰莹,著名女作家;成舍我曾任《新蜀报》总编辑;碧野,著名作家;林风眠是画家。

所谓"瞎凑"者,实老舍先生之谦词也,同时也是先生自信的真实写照。自信,使老舍先生义思泉涌,随口所吟,遂成佳句。

我国著名文学大师钱钟书先生,学富五车,才高八斗,饮誉海内外。为此,许多媒体都争着要宣传他。钱钟书先生最怕别人宣传,更不愿在媒体面前抛头露面。

一次,一位英国女士求见,钱老先生执意谢绝,他在电话中说:"假如你吃了个鸡蛋觉得不错,何必要认识那个下蛋的母鸡呢?"

自信的人总是谈笑风生,具有很强烈的幽默感。自信如同金子,在任何地方都会闪光。

自信如同粒粒珍珠,将它们一颗颗串起来,人生便有了许许多多的闪

97

你在为谁工作

光点。

所以,请学会培养自己的信心,当你有了足够的信心,便可以坦然地面对人生的风风雨雨,你将度过有意义的一生。

人生寄语

只有你自己,才能塑造出适合你自己扮演的成功者的角色。所以,你要走的道路,要完成的事业,只能靠自己决定,别人对你造成的影响非常有限。

——加拿大实业家 金克雷·伍德

06 浮躁是工作中的绊脚石

在生活中,我们常常会因为一些琐事而控制不住自己的情绪,导致一些不应该的后果。我们每个人都避免不了动怒,愤怒情绪是人生的一大误区,是一种心理病毒。其实,只要明白事理的人都知道自己不该发怒,但主要原因是情绪容易被激化,控制不住自己。情绪一旦激化就会愤怒,即使只是一点小事,他们也会认为天理不容。心理学家说:"浮躁的情绪容易使人冲动,常常做出与自己意愿相反的决定。"

假如你想成就一番事业,就应该时刻注意学会制怒,不能让浮躁愤怒左右你的情绪。著名的成功学家拿破仑·希尔曾经这样说:"我发现,凡是情绪比较浮躁的人,都不能做出正确的决定。成功人士基本上都比较理智,所以,我认为一个人要获得成功,首先就要控制自己浮躁的情绪。"

对职场人士来说,除了娴熟的工作技能之外,成熟的心理素质对自己的职场生涯也十分重要。在职场中,必须善于克制自己的怒火,给人的印象应该是温和平稳、张弛有度、不卑不亢、能屈能伸,这是应有的修养和表现。有时候,心理素质甚至比你的工作能力更能决定你的命运。

陈女士是某咨询服务公司的培训部主管。她能力很强,性子也很急。公司立志要在培训市场上占据一席之地,董事会一直想开发一套立足中国本土的、有独立知识产权的培训教材,陈女士的工作任务就是负责教材的编撰。陈女士被委以重任后,立即全力以赴。她是个完美主义者,甚至达到了吹毛求疵的地步,比如,需要一个数据,本来打个电话查询就可以了,但她非要派人到实地调查。又比如,需要一个专家的意见,电话采访就可以达到目的,而她却非要坚持面对面采访,等等。客观地说,如果是编撰国家统计年鉴,这样的精神是必不可少的,但他们这套教材重在传达理念,数据这些东西并没有必要过于精确。这种纠缠于细节的行为不但会增加开发成本,还会延误市场开发进度。公司有几次都在肯定她前期工作的同时委婉地指出了她的缺点,但她依旧我行我素。后来,在她一次没有必要的出差归来后的会议上,公司领导层强调形势逼人,再次敦促她提高效率,态度严肃中留有情面,可是她却认定自己的辛苦没有得到肯

走,自尊心受到伤害,再联想到在出差途中险遇车祸。她长期积累的怨气如同火山爆发,拍桌子、摔茶杯、口吐秽言,把公司形容为一个没有人性的

你在为谁工作

血汗工厂,令全场员工噤若寒蝉,领导也很难堪。

总经理办公会研究后认为,尽管陈女士劳苦功高,但她的性格不符合企业的风格和理念,严重影响了公司领导层的威信,如果让她留任则会留下隐患,决定让她停职反省。公司的本意是在教育她的同时,挽回领导的面子,以后还是会给她"平反昭雪"的,公司一个副总还专门和她谈了话,但她哪里受得了如此"欺辱",没有多久就坚决地走了,拦都拦不住。

陈女士实在是太冲动了,她走了不久,她主持的教材就热热闹闹地上市了,培训课程也正式开始了,但这一切都与她没有关系了。

浮躁易怒的情绪会使人失去理智思考的机会,是成功的绊脚石,所以必须极力地控制它。浮躁易怒是一种完全可以避免与消除的行为,这是你经历挫折的一种后天反应,是你以自己所不欣赏的方式消极地对待与你的愿望不相一致的事实。

理智是控制浮躁情绪的基本保障。也许你是一个能力超群的人,也许你是一个拥有创新想法与奋斗力量的人,如果你再拥有理智,那将是如虎添翼。

一些刚毕业的大学生在踏上工作岗位之初,总是踌躇满志,渴望在工作中施展才华。有很多人确实有才华,做目前岗位上的工作确实也游刃有余,因此常常会认为自己没有得到重用,才能没有充分施展,便免不了频频跳槽。到了一家新单位,往往又发现"天下乌鸦一般黑",一来二去就丧失了斗志和进取心,大好的时光也慢慢地消磨掉了。

赵强在国内硕士毕业后,如愿以偿地拿到耶鲁大学的奖学金去攻读博士后,两年后又做了剑桥大学的访问学者,剑桥大学生涯还没结束又到了斯坦福大学做客座教授。在常人眼中,他已经非常了不起了,回国后一定有很多单位都争先恐后地抢着要他。但当他回国后,却没有一家单位真正适合他。因为他在国外多年,已形成了频繁更换工作环境的习惯,因此个人的研究也不是一个完整的体系,也没有发表过多少有价值的论文。而赵强的许多同学,很多虽然只是在国内上了很普通的高校,但是却一直致力于某一专项研究,颇有成就,其中有几位还因成果突出而入选了中国科学院的"百人计划"。

论"才",赵强绝对是够高了,那一连串的国际名校,随便挑出哪一个,便能让人羡慕半天,但他总是在获得机会后便随便地抛弃而开始追寻下一个,结果几年过去了,他都没有自己的强项。过于急功近利,机会反而溜走。

如果你心中的梦想是渴求成功,那么,浮躁是一个不受欢迎的敌人,应该彻底把它从你的生活中赶走,只有这样我们才能在事业上取得成功。

人生寄语

深沉的心灵虽然有时浮躁,而浮躁的心灵永远不会深沉。

——佚名

07 勇于突破自我的束缚

要掌握自己的生活,就需要有灵活性,需要自己不断地打破旧有的常规,并突破自我。现代社会竞争激烈,要想取得成功,就必须突破固有的规则,展现全新的自我。能够成就大事业的,永远是那些相信自己的人;是敢于想人所不敢想、为人所不敢为、不怕孤立的人;是勇敢而有创造力的人;是那些勇于向规则挑战的人。

日本著名的企业家本田宗一郎就是这样一位勇于突破自我局限的人,他知道怎么样才能取得成功:除了要有良好的制造技术,还要有勇于进取,突破常规的勇气。第二次世界大战结束后,日本遭遇严重的汽油短缺,本田先生根本无法开着车子出门去买家里所需的食物。汽车开不成了,生活很不方便,本田先生就转变思路,寻找既方便又省油的方法。他突破常规,尝试着把马达装在脚踏车上。他知道如果成功,邻居们一定会

你在为谁工作

央求他给他们装部摩托脚踏车。果不其然,他装了一部又一部,直到手中的马达都用光了。他想到,何不开一家工厂,专门生产这样的摩托车?可惜的是他缺少资金。最后他想出了一个主意,决定求助于全日本两万家脚踏车店。他给每一家脚踏车店用心写了一封言词恳切的信,告诉他们如何借着他发明的产品,在振兴日本经济上扮演一个角色。结果说服了其中的八千家,凑齐了所需的资金。然而当时他所生产的摩托车既大又笨重,只能卖给少数硬派的摩托车迷。为了扩大市场,本田先生动手把摩托车改得更轻巧,一经推出便获得承认。随后,他的摩托车又外销到欧美。20 世纪 70 年代,本田公司又开始生产汽车并获得佳评。

本田先生勇于突破自我,取得了事业上的成功。但是,在现实生活中,我们有太多的人生活在一种被束缚、被阻碍的不良环境之中;生活在一种足以泯灭热诚、丧失志气、分散精力、浪费时间的氛围中。

铲除一切阻碍、束缚我们的东西,走进一个自由而和谐的环境中,这是事业成功的第一个准备。

勇于突破自我的束缚,表现在工作上,就是要敢于向"不可能完成"的任务挑战。勇于向"不可能完成"的工作挑战的精神,是获得成功的基础。职场之中,很多人虽然颇有才学,具备种种获得老板赏识的能力,但是却有个致命弱点:缺乏挑战的勇气,只愿做职场中谨小慎微的"安全专家"。对不时出现的那些异常困难的工作,不敢主动发起"进攻"。他们认为要想保住工作,就要保持熟悉的一切,对于那些颇有难度的事情,还是躲远一些好,否则,就有可能撞得头破血流。这样的人终其一生,也只能从事一些平庸的工作。一位老板描述自己心目中的理想员工时说:"我们所急需的人才,是有奋斗进取精神,勇于向'不可能完成'的工作挑战的人。"具有讽刺意味的是,世界上到处都是谨小慎微、满足现状、惧怕未知与挑战的人,而勇于向"不可能完成"的工作挑战的员工,犹如稀有动物一样,始终供不应求,是人才市场上的"短缺货"。

珍妮弗·露茜在学校时是一个有名的才女,论口才与文采都无人可及。大学毕业后,她在学校的极力推荐下去了一家小有名气的公司。

公司每周都要召开一次例会,讨论公司计划。每次开会很多人都争先恐后地表达自己的观点和想法,只有她总是悄无声息地坐在那里一言不发。她原本有很多好的想法和创意,但是她有些顾虑,一是怕自己刚刚到这里便"大开言论",被人认为是张扬,是锋芒毕露;二是怕自己的思路不合领导的口味,被人看做是幼稚。就这样,在沉默中她度过了一次又一次激烈的争辩会。有一天,她突然发现,这里的人们都在力陈自己的观点,似乎已经把她遗忘了。她开始考虑要扭转这种局面,但这一切为时已晚,没有人再愿意听她的声音了。在所有人的心中,她已经根深蒂固地成为一个没有实力的花瓶人物。最后,她终于因为她的保守思想付出了代价,她失去了这份工作。

在与"职场勇士"的竞争中,永远不要奢望得到老板的垂青。当我们羡慕那些有着杰出表现的同事,羡慕他们得到老板器重并被委以重任时,我们一定要明白,他们之所以成功,很大程度上取决于他们勇于挑战"不可能完成"的工作。正是秉持这一原则,他们磨砺生存的利器,不断力争上游,最终脱颖而出。

渴望成功是我们每个人的心声。当一件看似"不可能完成"的艰难工作摆在我们面前时,不要抱着"避之唯恐不及"的态度,更不要花过多的时间去设想最糟糕的结局。穆勒在《论自由》一书中指出:"我们永远无法确定我们所压制的是不是错误的意见。即使我们压制的是错误的意见,压制意见的做法比错误意见本身更为邪恶。"所以在工作中,我们要努力突破自我,努力向成功迈进。

人生寄语

志之难也,不在胜人,在自胜。

——中国先秦思想家　韩非子

08　学会自制,学会宽容

自制是一种能力,一种可贵的自我限制行为,也是一种义务。快乐源于自制,成功也源于自制。学会自制,就是要学会控制自己的情绪和行为。一个有自制能力的人,才能够成为自己真正的主人。学会宽容,就是要学会忍让和谅解别人。一个有宽容之心的人,才能够成为人上之人。

一个商人因为业务发展的需要,决定招聘一个小伙计,他在商店的窗户上,贴了一张独特的广告:"招聘:一个能自我克制的男士。每星期4美元,合适者可以拿6美元。"

"自我克制"这个术语在村里引起了广泛议论,引起了小伙子们的思考,也引起了父母们的思考。自然引来了众多求职者,

每个求职者都要经过一个特别的考试。

"能阅读吗?孩子。"

"能,先生。"

"你能读一读这一段吗?"他把一张报纸放在男孩的面前。

"可以,先生。".

第四章 以积极的心态从事你的工作

"你能一刻不停顿地朗读吗?"

"可以,先生。"

"很好,跟我来。"商人把他带到他的私人办公室,然后把门关上。

他把这张报纸送到男孩手上,上面印着他答应不停顿地读完的那一段文字。阅读刚开始,商人就放出6只可爱的小狗,小狗跑到男孩的脚边。这些小狗太有意思了,男孩经受不住诱惑要看看可爱的小狗。由于视线离开了阅读材料,男孩忘记了自己的角色,读错了,当然,他失去了这次机会。

就这样,商人打发了70个男孩。终于,有个男孩不受诱惑一口气读完了。商人很高兴。他们之间有这样一段对话:

商人问:"你在读书的时候没有注意到你脚边的小狗吗?"

男孩回答道:"对,先生。"

"我想你应该知道它们的存在,对吗?"

"对,先生。"

"那么。为什么你不看一看它们?"

"因为你告诉过我,要不停顿的读完这一段。"

"你总是遵守你的诺言吗?"

"的确是,我总是努力地去做,先生。"

商人在办公室里走着,突然高兴地说道:"你就是我要的人。明早7点钟来,你每周的工资是6美元。我相信,你会很有发展。"

后来,男孩的发展的确如商人所说,若干年后,男孩成了一个有着良好口碑的百万富翁。

自我克制是成功的基本要素之一。很多人不能自我克制,也就无法把自己的精力完全投入到他们的工作中,完成自己伟人的使命,这可以视为成功者和失败者之间的区别。

南京大学有一个美国留学生叫苏珊娜。寒假里,苏珊娜随她的女同学张迪到老家河南农村过年。大年初一,张家准备了一桌丰盛的酒席招待苏珊娜。席上,张父特意以当地名酒款待嘉宾。张父给苏珊娜斟了满满一杯酒,可是苏珊娜只是礼貌地举杯,却滴酒不沾。

105

你在为谁工作

张家问其故,苏珊娜说,她的家乡在美国西雅图。当地的法律规定,公民年满21岁才能饮酒,她今年才19岁,还未到饮酒的年龄。

张家人劝她,这里是中国,不是美国,入乡随俗嘛。再说,没有一个美国人会知道你在中国饮过酒。苏珊娜却说,虽然自己身在国外,也应该遵守美国法律。名酒的味道虽然很香,但自己会克制自己,不到法定年龄,绝不饮酒。

张家人对这个19岁的美国姑娘十分敬佩。

寒假结束,苏珊娜要回南京的时候,当地政府有关部门特意设宴友好地款待苏珊娜,被苏珊娜婉言谢绝了。苏珊娜说,美国的法律规定,凡是官方的宴请只能由政府官员出席。她是一个普通的美国人,不是政府官员,因此不能接受官方的宴请。

还有一个美国商人,他经常到中国做生意。有一次,一笔生意成交以后,中方宴请他。中方听说这个美国商人十分喜欢吃虹鳟鱼,席上,主人特意请著名厨师做了一道名菜:清炖虹鳟鱼。

这道菜上来以后,美国商人眼睛一亮,看得出,商人的确喜爱这道菜。奇怪的是,商人夹了一块鱼肉以后,还没有送到嘴里就又送了回去,放下筷子不吃了。

主人忙问其故,商人说,这是一条有籽的鳟鱼,美国法律规定,要保护生态环境,不能吃有籽的母鱼。主人连忙说,这是在中国,不是美国。中国并没有这样的法律。美国商人说,我是美国人,走到哪儿,都要遵守美国的法律。

主人很尴尬,再次劝美国商人说,即使是这样,这条虹鳟鱼已经烧熟了,不吃浪费了,美国商人却说,即使浪费了,我也不能吃。美国商人自始至终都没有碰这条虹鳟鱼。

美酒的味道很香,苏珊娜却不为之心动;虹鳟鱼的味道很美,美国商人却不为之下箸。他们在没有任何外界压力下,都在自我约束,自觉地履行某种义务。

乔治·罗纳在第二次世界大战期间被迫逃往瑞典,之前他曾在维也纳当过很多年的律师,人生阅历很丰富。到了瑞典,他已身无分文,他必须找一份工作养活自己。

他学过好几种外语,既能说又能写,因而他想到一家进出口公司找份秘书工作。他给很多公司写信,谈了自己的想法,绝大多数公司回信告诉他,现在处于战争时期,他们不需要这类职员,不过他们已把他的名字存入档案。其中有一封回信这样写道:"你对我生意的了解完全错误,你既错又笨,我根本不需要任何替我写信的秘书。即使需要,我也不会请你,因为你甚至连瑞典文都写不好,信里全是错字。"

乔治·罗纳读完这封信后怒火中烧,他简直要疯了。这个人也太讨厌了,他自己的瑞典文写得狗屁不通,错误百出,还有资格指责别人,太狂妄了。于是他也想写一封信,气气那个讨厌的家伙。

他转念又想:等一等,我怎么知道这个人说得不对呢?我的确学过瑞典文,可是它不是我的母语,或许我真犯了很多我不知道的错误。如果这样的话,这个人可能帮我一个大忙,尽管他本意并非如此。他用这种难听的话表达意见,或许自有他的道理,我应该写封信感谢他一番。于是,他写了一封感谢信。

后来,他竟然被这家公司聘用了。

情绪的确能影响人的行为,很多人因为不能控制情绪而做错了许多事,甚至导致了许多悲剧。那么,我们可以控制情绪吗?答案是肯定的。在遇事时,不妨冷静下来,告诉自己等一等,我们就能控制住自己的情绪。

除了要学会控制自己的情绪,还要懂得宽容。一生中,我们要经历许多事情,要相识相交许多人,因此常听一些朋友喟叹,这世上与人交往怎么就这么难。

的确如此,说交往不难、人际关系好处是假的。不过,想想这也完全正常,人是这个世界上最具灵性的,而这些聪明透顶的人又都独具个性,不像一些商品那样"千篇一律"。与各种各样的人打交道,男女老少、美的丑的、好的坏的都可能遇到,能不难吗?

你在为谁工作

但是,每个人又不能与世隔绝,独立生存,不论是谁,脱离了集体都无法很好地生存下去。那么,我们就不能因噎废食,知其难而退避三舍,闭门不出。

人与人交往首先应具备宽容的素质,才能与人融洽相处。抛却了宽容,你看不惯别人,也许别人也同样看不惯你。这样下去,又怎能提高自己的交际能力呢,又怎能融入一个集体中呢?

仲由是大教育家孔子的学生。一天,孔子叫他到集市上去买些东西,谁料却惹上了一身麻烦。

那天,仲由来到市上,见两个人正在吵架,便好心地上前劝阻。二人见来了个明白人,便请仲由给评理。

"我的一尺布要价三钱,他要八尺,三八二十四个钱,他少给,我坚决不卖!"卖布人首先向仲由诉说。

买者争辩道:"明明是三八二十三,你多要钱不是欺负人吗?"

仲由听后笑了,对买者说:"三八二十四是对的,他并没多收你的钱。"

买者一听仲由替卖者说话,更为恼火,便撇下卖者,和仲由争执起来,还要和仲由打赌。

仲由年轻性烈,把刚买到手的衣冠押为赌注。买者也是位性如烈火之人,非要拿自己的脑袋做赌注。二人取保击掌,一致同意找大学问家孔子来仲裁此事。

孔子听完两人诉说的事情原委后,笑着对仲由说:"仲由啊,你怎么这么糊涂呢?不会连数都不会数了吧?你输了,将衣冠给人家吧。"

这下乐坏了买者,连夸孔子圣明,抱着仲由的衣冠高兴而去。

丢了脸面又损失了衣冠的仲由非常恼怒,决定辞别这位昏庸的老师回老家去。临行时,孔子送了仲由两句话:古树莫存身,杀人莫动刀。

羞怒不已的仲由在回乡途中,忽遇倾盆大雨,荒野四顾,竟无避雨之所,只见道旁有一棵参天古树,树有一洞,足可藏身,正欲迈步进洞时,猛然想起老师曾说"古树莫存身",便转身离去,行不多远,一道闪电闪过,古树刹那间被击粉碎。

仲由心道好险,若非老师有言在先,我仲由焉有命在?不由得于心中默默感谢老师的恩德。

一日深夜,仲由方近家门。正想高呼叫门,又暗自思忖:我离家日久,不知妻子是否忠贞?于是蹑手蹑脚,轻启门户,悄然进屋。近得床前,用手一摸,不由得气炸心肺!原来他竟摸到了两个脑袋。

仲由顿时怒从心头起,恶向胆边生,抽出刀来,便欲狂剁,忽又想起老师的另一句嘱咐:杀人莫动刀。他放下刀,点亮灯一照:原来竟是妻、妹合眠。冷汗立时顺着脊背滚下,不是老师明鉴,岂不要误杀亲人?

仲由走后,别人问孔子:"明明是仲由对,您为什么要说他输了呢?"

孔子笑道:"仲由输了,衣冠随处可以买到,那买布人输了呢?"

别人又问:"仲由愤恨离去,您还是谈笑风生,不但不责怪他,还要送他两句秘言,又是为什么呢?"

孔子依然笑道:"仲由是个很好的学生,只是太年轻了,还不懂得宽容啊,等他从家里回来时,我想连这点他也学好了。"

大教育家孔子用自己的宽容,教会了仲由宽容。宽容使得这对师生

109

你在为谁工作

感情笃深,历久弥坚。

用一颗宽容之心待人,人便多了一份宁静,或者说是平静。在这样平和的心态下,我们的目光就不再那么挑剔、那么吹毛求疵,就会容得下别人的棱角;就不会觉得别人过于"硌眼",不会酿成"二桃杀三士"的悲剧。

先宽容待人,别人才能宽容待你,才不会以小人之心度君子之腹,才能"宰相肚里能撑船"。

"大肚能容天下难容之事",果真如此了,人们还难交往吗?

黎巴嫩诗人纪伯伦说:"一个伟大的人有两颗心,一颗心流血,另一颗心宽容。"宽容是一个"护身符",带上它,可保我们一生平安。只要能克制自己的愤怒,学会宽容,时刻保持宽厚风度,人生便会少一些坎坷,多一些宁静。

人生寄语

尽可能坚定不移。在任何情况下都要冷静,无比坚韧。绝不把对手逼得走投无路,而且总是帮助对手留面子,设身处地为他着想——以便从他的角度来看问题。别像魔鬼那么自以为是——再没有比这更自欺的了。

——英国作家 哈特

09 不做工作狂和工作的奴隶

现在的职场有一句话很流行,就是:做工作的主人。这主要是针对两种人来说的,一种是工作狂,还有一种是工作的奴隶。确实,这两种人的做法似乎相反,但你仔细琢磨会发现,他们都不是工作的主人,没有搞明白自己在为谁而工作。

对多数人来说,现在拼命工作,是为了将来可以少工作或不必工作,

第四章 以积极的心态从事你的工作

希望有朝一日能过上享乐的日子,所以现在才努力工作;对另一些人来说,他们之所以工作,因为他们无法从工作中自拔,离不开工作,他们就像一台高速运转的机器一样,完全无法让自己停下来。

如果你属于前者,那说明你还正常;但如果是后者,恐怕你已经对工作着魔,并犯了工作上瘾的毛病,一句话,你已经变成了一位工作狂。

工作狂并不热爱自己的工作,一般很难从工作中得到快乐,他们只是拼命地工作以求某种"心理解脱",他们在工作中还常常强迫自己做到完美,一旦出现问题或差错便羞愧难当、焦虑万分,又将他人的援助拒之门外。

我们需要找到一份自己喜欢的工作,在工作的过程中体会快乐和价值。毕竟,生活的概念要比工作大得多,生命的意义,也不能仅仅依靠工作上的成功来证明。过分依赖职场竞争带来的成就感与充实感,忽视对个人生活和家庭生活必要的经营与维护,不但不能逃避寂寞空虚,结果还往往是吞咽更深的失望和孤独。

如果你本人是个工作狂,首先需要调整心态。金钱、权力、荣誉等这一类所代表的成功永远没有止境,而你的时间、精力、健康、生命却都是有限的。事业的成功无法替代家庭生活对你的价值。你应该多与家人、朋友、同事交流,丰富业余生活。工作中,减轻工作压力,并减少自己的工作量。多加强自身时间管理能力、项目管理能力的培养,组建高效的团队,通过合理的分工和授权,提高整个团队的工作效率,让自己能从工作中逐步"解脱"。

如果你的上司是个工作狂,你不得不在他的"以身作则"下勤奋工作,那么首先试着从心理上理解和接纳他的做法,不要一味地排斥、抱怨,以避免双方关系的恶性循环。其次,多配合他们的工作,尽下属之责,争取成为他们信任的好助手。如果对他们的工作方式你确实不能接受,也应该大胆地表达出来,当然必须注意寻找合适的时机和方式。

工作是我们财富和自尊的源泉,但当它危及你的自我接受和生活平衡,就该懂得就此打住,因为过犹不及。

卢比斯是一家大型网络公司的内容策划和监制,这家公司每天的工

你在为谁工作

作都很紧张,就连上厕所都是百米冲刺的速度。卢比斯作为骨干,更是忙到一天只上一次厕所的地步,他经常坐在电脑前,盯着屏幕一干就是一整天,一刻也不敢放松。长年累月,没有双休日,没有节假日,天天晚上不到12点回不了家,还常常因为突发事件而半夜起来,生物钟完全被打乱了,睡眠严重不足。自从他离开大学,就几乎再也没有进行过任何体育锻炼,

旅游更是想都不敢想。缺乏体育锻炼,使卢比斯的体形变成了臃肿而难看的"鸭梨型",情绪也变得非常烦躁,常常因为一些小事和同事大发脾气。当然,拼命地工作还是有回报的,卢比斯不久就被提拔为部门主管,但和任命书一起到达的,还有医院的入院证明和老婆的离婚协议书。当今社会,像卢比斯这样的人并不少见,他们拼命地工作,穿行在城市间的匆匆脚步,奔跑在写字楼间的身影……紧张的节奏似乎让人们忘记了自己为什么工作。工作只是生活的一部分,输了自己,赢了世界又如何?

只有你自己最清楚你到底是不是工作狂。你要不要变成工作狂,也完全由你决定。但是你必须相信一件事,虽然有许多的书籍以及专家教导我们要热爱工作,但你不要错误领会,那绝对不是要我们变成工作狂,而是要我们去做工作的主人。

与上述这种人截然相反的是工作不知积极主动地去做,只知等着别人的督促,按照别人的命令去做,这种人彻彻底底的是工作的奴隶。他们

的工作谈不上主动性,更别提创新了,他们随时都有被辞退的可能,更别提晋升了。如果你是这种人,你的同事们肯定不愿意与你相处,甚至你的老板也看你不顺眼。林立就是这样。以前在学校上学的时候,他就从来不积极主动地学习,包括他的作业从来都是最后一个交到老师手里。有时,老师催他好几次,他还是慢吞吞的最后一个完成。他考上大学,完全是因为自己的那点小聪明。现在工作了,还是改不了他那毛病,每次都是和他关系比较不错的同事提醒他,要不然等老板问起的时候,他就说:"快了,马上"等此类敷衍的话。

那天,老板找到林立说:"你那策划书写完了吗?"

林立如梦初醒一样,吞吞吐吐地说:"写完了。"

"那你发 E-mail 给我。"老板说。

林立随口应答:"嗯。"其实,他的策划书还没做呢,他只是想了想,他觉得还早就没有急着做。这下他可傻了,于是他赶紧打开电脑开始做,可是哪那么好做。半个小时不到,老板秘书就打电话催了。他应付说:"有半个小时就好了。"这时,他也知道事情的严重性了,他心里开始发慌,思路也没了。等秘书第二次催他的时候,他还是没有做完。就这样,他的这份策划书到晚上下班的时候才做好。老板嘴上没说什么,心里一定会对他有看法。

这位老板还是比较宽容的,扣他的工资或者没收这个月的奖金都不过分,这样才会给那些总是等着别人督促才工作的人一个最好的警示,不要做工作的奴隶。

一些工作狂,常常不自觉地会给身边的人带来压力,对别人的感觉也往往充耳不闻,他们其实是缺少信心的,期望从勤奋工作中得到别人的掌声。我们想说不要太在乎别人对你的评价,那反而会变成你的包袱。而工作的奴隶,永远是靠他人监督和督促才工作。其实,问题也很简单,只要想清楚你在为谁工作就可以了。

你在为谁工作

人生寄语

　　心灵,是它自己的殿堂,它可成为地狱中的天堂,也可成为天堂中的地狱。

——英国诗人　弥尔顿

第五章

好的方法是高效工作的指路明灯

普通人知道,成功者做到。我们在处理一个看起来很难的问题时,若能从问题的源头出发,渐进式思考,最后就会得到一个最简单也最行之有效的方法。事实正是如此。要想实现目标,你要想尽一切办法,最终找到奇谋良策。

01 抓住机会，掌握机会

有许多人终其一生，都在等待一个令他成功的机会。而事实上，机会无时不在，重要的是，当机会出现时，你是否已准备好了。成功者积极准备，一旦机会降临，便能牢牢地把握。

拿破仑·希尔告诉我们，机遇与我们的事业休戚相关，机遇是一个美丽而性情古怪的天使，她倏然间降临在你身边，你稍不留神，她又将翩然而去，不管你怎样扼腕叹息，她却从此杳无音讯。

成功是能力、奋斗和机会的综合体，三者缺一不可，只要善于把握，任何时候都有成功的机会。

20 世纪的美国人也有一句俗谚："通往失败的路上，处处是错失了的机会。坐待幸运从前门进来的人，往往忽略了从后窗进入的机会。"

你曾在爽朗的秋天，在小溪旁散过步吗？溪流上有很多随波逐流的落叶。有的匆匆而过，很快就看不见了；有的慢慢地飘荡着；有的被卷入漩涡里；有的飘到静水处，动也不动。

人生就像流水，有时在一个地方打转转；有时乘着急流往下游奔驰；有时就在岸边徘徊，好几年才移动那么一点点，甚至完全静止不动。

随波逐流的落叶，只有听天由命，是无可奈何的。它的前途，完全由风向与流水决定。然而，你却可以自己决定前途，不必总是待在静止不动的静水处。你可以向流水中央游去，乘着急流，去寻找新的机会，你所需要的，就是用自己的力量向着急流游去。

这话说来简单，做起来却难。诚然，急流处有一种惊心动魄的吸引力，然而，你是不是能够游到中心处是不确定的。因此，你必将有前途渺茫之感。怎么办呢？只能选择这安全的狭小天地吗？

这个游不游的问题，是每一个人在一生中都会碰到的。这时候，有自信心的人，必将挺身接受考验，毅然跳进未知的水流中，向中心处游去。他们知道，只要肯冒险，必定可学到新的经验。懦弱的人、怕变化的人，只好躲在原来的安全地方，眼巴巴望着别人乘着急流往前直奔。

美国但维尔地方的百货业巨子约翰·甘布士就是一个敢于冒险，善于冒险，最终乘着急流欢快地往上游的人。他的经验极其简单：

"不放弃任何一个哪怕只有万分之一可能的机会。"

有不少所谓的聪明人对此是不屑一顾的，他们的理由是：第一，寄希望于微小的机会，实现计划的可能性不大；第二，如果去追求只有万分之一的机会，倒不如买张奖券碰碰运气；第三，根据以上两点，只有傻瓜才会相信万分之一的机会。

约翰·甘布士的看法却不同。

有一次，甘布士要乘火车去纽约，但没有预订车票，这时恰值圣诞前夕，到纽约去度假的人很多，火车票很难购到。甘布士夫人打电话去火车站询问是否还可以买到这一次的车票？车站的答复是：全部车票都已售光。不过，假如不怕麻烦的话，可以带着行李到车站碰碰运气，看是否有人临时退票。

车站反复强调了一句：这种机会或许只有万分之一。

甘布士欣然提了行李，赶到车站去，就如同已经买到了车票一样。夫人关怀地问道："约翰，要是你到了车站买不到车票怎么办呢？"

他不以为然地答道："那没有关系，我就好比拿着行李去散步。"

甘布士到了车站，等了许久，退票的人仍然没有出现，乘客们川流不息地向月台涌去了。甘布士没有急于往回走，而是耐心地等待着。

大约距开车时间还有 5 分钟的时候，一位女士匆忙地赶来退票，因为她的女儿病得很严重，她被迫改坐以后的车次。甘布士买下了那张车票，搭上了去纽约的火车。

到了纽约，他在酒店里洗过澡，躺在床上给他的太太打了一个长途电话。在电话里，他轻松地说："亲爱的，我抓住那只有万分之一的机会了，因为我相信一个不怕吃亏的笨蛋才是真正的聪明人。"

你在为谁工作

有一次,但维尔地方经济萧条,不少工厂和商店纷纷倒闭,被迫贱价抛售自己堆积如山的存货,有些货物价钱低到1美金可以买到。那时,约翰·甘布士还是一家织造厂的小技师。他马上把自己所有的积蓄用于收购低价货物,人们见到他这股傻劲,都嘲笑他是个蠢材。

约翰·甘布士对别人的嘲笑泰然处之,依旧收购各工厂抛售的货物,并租了一个很大的货仓来储存货物。夫人劝说他,不要把这些别人廉价抛售的东西购入,因为他们历年积蓄下来的钱数量有限,而且是准备用做子女教养费的。如果此举血本无归,那么后果不堪设想。

对于夫人忧心忡忡的劝告,甘布士信心满满地说:"3个月以后,我们就可以靠这些廉价货物发大财。"

过了10多天,那些工厂贱价抛售也找不到买主了,便把所有存货用车运走烧掉,以此稳定市场上的物价。夫人看到别人已经在焚烧货物,不由得焦急万分,抱怨甘布士,对于夫人的抱怨,甘布士一言不发。

终于,美国政府采取了紧急行动,稳定了但维尔地方的物价,并且大力支持那里的厂商复业。这时,但维尔地方因焚烧的货物过多,存货欠缺,物价一天天飞涨。约翰·甘布士马上把自己库存的大量货物抛售出去,一来赚了一大笔钱,二来使市场物价得以稳定,不致暴涨。在他决定抛售货物时,夫人又劝告他暂时不忙把货物出售,因为物价还在一天一天地飞涨。他平静地说:"是抛售的时候了,再拖延一段时间,就会后悔。"

果然,甘布士的存货刚刚售完,物价便跌了下来。夫人对他的远见钦佩不已。

后来,甘布士用这笔赚来的钱,开设了5家百货商店,业务也十分发达。后来,甘布士成为全美举足轻重的商业巨子,他在一封给青年人的公开信中诚恳地说道:

"亲爱的朋友,我认为你们应该重视那万分之一的机会,因为它将给你带来意想不到的成功。有人说,这种做法是傻子行为,比买奖券的希望还渺茫。这种观点是偏颇的,因为开奖券是由别人主持,丝毫不由你主观努力;但这种万分之一的机会,却完全是靠你自己的主观努力去完成的。"

机会与我们的成败休戚相关,对于时机的把握,完全可以决定一个人是否能够有所建树。不要放弃任何一个机会,哪怕这个机会只有万分之一的可能性。不过同时也得注意,要想把握这万分之一的机会,必须备具一些条件:

1. **目光长远**。鼠目寸光是不行的,不能看见树叶,就忽略了整片森林。

2. **必须锲而不舍**。没有持之以恒的毅力和百折不挠的信心是无济于事的。

假如这些条件你都具备了,那么终有一天你会成为百万富翁,只要你去付诸行动。

要在商业活动中有所作为,仅靠一味的盲目蛮干是不行的。看准时机并把握它,将它变成现实的财富,才是成功企业家的明智选择。机不可失,时不再来,这是一个浅显而深刻的道理。

当机会到来时,如果你麻木不仁就会和它失之交臂。幸运和倒霉往往与利用时机有关,有些人在时机失去之后才顿足扼腕,他注定只是一个十足的倒霉蛋。而有些人明白时机稍纵即逝,因而能及时把握,所以,他

你在为谁工作

的一生都仿佛一帆风顺,心想事成。

1865年,美国南北战争宣告结束。北方工业资产阶级战胜了南方种植园主,领导了这场战争胜利的林肯总统却被刺身亡。

全美国上下既为统一美国的胜利而欢欣鼓舞,又因失去了一位可敬的总统而无限悲恸。

后来的美国钢铁巨头安德鲁卡耐基却看到了另一面。他预料到,战争结束之后经济复苏必然降临,经济建设对于钢铁的需求量会与日俱增。于是,他义无反顾地辞去铁路部门报酬优厚的工作,合并由他主持的两大钢铁公司——都市钢铁公司和独眼巨人钢铁公司,创立了联合制铁公司。

同时,卡耐基让弟弟汤姆创立匹兹堡火车头制造公司和经营苏必略铁矿。

上天赋予了卡耐基绝好的机会。美国击败了墨西哥,夺取了加利福尼亚州,决定在那里建造一条铁路,同时,美国规划修建横贯大陆的铁路。几乎没有什么比投资铁路更加赚钱了。

联邦政府与议会首先核准联合太平洋铁路,再以它所建造的铁路为中心线,核准另外三条横贯大陆的铁路线。

一条是从苏必略湖横穿明尼苏达,经过位于加拿大国界附近的蒙达拿西南部,再横过洛基山脉,到达俄勒冈的北太平洋铁路。

第二条是以密西西比河的北奥尔巴港为起点,横越德克萨斯州,经墨西哥边界城市埃尔帕索到达洛杉矶,再进入旧金山的南太平洋铁路。

第三条是由堪萨斯州溯阿肯色河,再越过科罗拉多河到达圣地亚哥的圣大菲。

纵横交错的相连的铁路建设申请纷纷提出,竟达数十条之多,美洲大陆的铁路革命时代即将来临。

"美洲大陆现在是铁路时代、钢铁时代,需要建造铁路、火车头和钢轨,钢铁是一本万利的"卡耐基思索着。不久,卡耐基向钢铁发起进攻。在联合制铁厂里,矗立起一座22.5米高的熔矿炉,这是当时世界最大的熔矿炉,对它的建造,投资者都感到提心吊胆,生怕将成本赔进去。但卡耐基的努力让这些担心成为杞人忧天,他聘请化学专家驻厂,检验买进的矿石、灰石和焦炭的品质,使产品、零件及原材料的检测系统化。

在当时,从原料的购入到产品的卖出,整个过程显得很混乱,直到结账时才能知道盈亏状况,完全不存在什么科学的经营方式,卡耐基大力整顿,贯彻各层次职责分明的高效率的概念,使生产力水平大为提高。

同时,卡耐基买下了英国道兹工程师"兄弟钢铁制造"专利,又买下了"焦炭洗涤还原法"的专利。这一做法的确具有先见之明,否则,他的钢铁事业就会在不久后的大萧条中成为牺牲品。

1873年,经济大萧条不期而至。银行倒闭、证券交易所关门,各地的铁路工程支付款突然被中断,现场施工戛然而止,铁矿山及煤山相继歇业,匹兹堡的炉火也熄灭了。

卡耐基断言:"只有在经济萧条的年代,才能以便宜的价格买到钢铁厂的建材,工资也相应的会降低。其他钢铁公司相继倒闭,向钢铁挑战的东部企业家也已鸣金收兵。这正是千载难逢的好机会,绝不可失之交臂。"

在最困难的情况下,卡耐基反常人之道,打算建造一座钢铁制造厂。他走进股东摩根的办公室,说出了自己的新打算:

"我计划进行一个百万元规模的投资,建贝亚默式5吨转炉两座,旋转炉一座,再加上亚门斯式5吨熔炉两座……"

"那么,工厂的生产能力会怎样呢?"摩根问道。

"1875年1月开始工作,钢轨年产量将达到3万吨,每吨制造成本大约69万……"

"现在钢轨的平均成本大约是110万元,新设备投资额是100万元,第一年的收益就相当于成本……"

"比股票投资还赢利"卡耐基补充了一句。

股东们同意发行公司债券。

工程进度比预定的时间稍微落后。1875年8月6日,卡耐基收到第一个订单:2000支钢轨。熔炉点燃了。

你在为谁工作

每吨钢轨的制成劳务费是 8.26 元,原料 40.86 元,石灰石和燃料费是 6.31 元,专利费 1.17 元,总成本不过才 56.6 元。

这比原先的预计便宜多了。卡耐基兴奋不已。

1881 年,卡耐基与焦炭大王费里克达成协议,双方投资组建 F.C. 佛里克焦炭公司,各持一半股份。同年,卡耐基以他自己三家制铁企业为主体,联合许多小焦炭公司,成立了卡耐基公司。

卡耐基兄弟的钢铁产量居全美的 1/7,开始向垄断型企业迈进。1890 年,卡耐基兄弟吞并了狄克仙钢铁公司之后,一举将资金增到 2500 万美元,公司更名为卡耐基钢铁公司。不久之后,又更名为 U5 钢铁企业集团。

卡耐基的成功与他善于抓住有利时机是密不可分的。

有人把机遇称为运气,其实并非如此。爱默生说:"只有肤浅的人相信运气。坚强的人相信凡事有果必有因,一切事物皆有规则。"真正想成功的人,会把运气撇在一边,抓住机会,不放过任何一个让他成功的可能。所以,从今天起,做好准备,让自己保持最佳状态,以便机会出现时,可以紧紧抓住,不让它溜走。

人生寄语

企业里能发现问题、提出问题的人很多,那些能够创造机会和得到机会的是能够发现问题并解决问题的人。

——中国职业经理人 唐骏

02 用最充足的时间做最重要的事

你可能期望太高,但我们要说,有时候够好就行了。从某种意义上说,"最好"是"好"的敌人。你可能浪费太多的时间和力气去追求完美,结果却没有时间做好任何事情。

美国著名思想家本杰明·富兰克林有一段名言:"记住,时间就是金钱。比如说,一个每天能挣10个先令的人,玩了半天,或躺在沙发上消磨了半天,他以为在娱乐上仅仅花费了几个先令而已。不对,他还失去了他本应得到的5个先令……记住,金钱就其本性来讲,绝不是不能'生殖'的。钱能生钱,而且他的子孙还有更多的子孙……谁杀死一头牛仔的猪,那就是消灭了它的一切后裔,以至于它的子孙万代。如果谁毁掉了5先令的钱,那就毁掉了它所能产生的一切,也就是说,毁掉了一座英镑之山。"

富兰克林通俗易懂地阐释了这样一个道理:时间就是金钱,只有重视时间,才能获取人生的成功。

成功人士善于分清主次,统筹时间,把时间用在最有"生产力"的地方。每天面对大大小小、纷繁复杂的事情,如何分清主次,把时间用在最有生产力的地方,有三个判断标准:

第一,我需要做什么。这有两层意思:是否必须做,是否必须由我做或非做不可。如果并非一定要你亲自做的事情,可以委派别人去做,自己只负责督促。

第二,什么能给我最高回报。应该用80%的时间做能带来最高回报的事情,而用20%的时间做其他事情。所谓"最高回报"的事情,即是符合"目标要求"或自己会比别人干得更高效的事情。最高回报的地方,也就是最有生产力的地方。

第三,什么能给我最大的满足感。最高回报的事情,并非都能给自己最大的满足感,均衡才有和谐满足。因此,无论你地位如何,总需要分配时间于令人满足和快乐的事情上,唯有如此,工作才是有趣的,并能够保持工作的热情。

通过以上"三层过滤",事情的轻重缓急就清楚了。以重要性优先排序,并坚持按这个原则去做,你将会发现,再没有其他办法比按重要性办

你在为谁工作

事更能有效利用时间了。

时间对于任何人、任何事情都是毫不留情的,是专制的。时间可以毫无顾忌地被浪费,也可以被有效地利用。

美国伯利恒钢铁公司总裁查理斯·舒瓦普向效率专家艾维·利请教"如何更好地执行计划"。艾维·利声称可以在10分钟内就给舒瓦普一样东西,这东西能把他公司的业绩提高50%,然后他递给舒瓦普一张空白纸,说:"请在这张纸上写下你明天要做的几件最重要的事。"舒瓦普用了5分钟写完。

艾维·利接着说:"现在用数字标明每件事情对于你和你的公司的重要性的次序。"舒瓦普又花了5分钟。

艾维·利说:"好了,把这张纸放进口袋,明天上车第一件事是把纸条拿出来,做第一项最重要的事情。着手办第一件事,直至完成为止。然后用同样的方法对待第二项、第三项……直到你做完为止。如果只做完第二件事,那不要紧,你总是在做最重要的事情。"

艾维·利最后说:"每一天都要这样做,如果你相信这种方法有价值的话,让你公司的员工也这样做。这个试验你做多久都可以,然后给我寄支票来,你认为值多少就给我多少。"

一个多月以后，艾维·利收到了舒瓦普寄来的一张2.5万美元的支票和一封信。信上说，那是他一生中最有价值的一课。5年之后，这个当年不为人知的小钢铁厂一跃成为世界上最大的独立钢铁厂。

集中精力在能获得最大回报的事情上，别花费时间在对成功无益的事情上。用最充足的时间去做最重要的事情，是我们工作中必须学会的重要的方法。只有这样我们才有可能成功，或者让成功提前到来。

人生寄语

我们都拥有足够的时间，只是要好好地加以利用。一个人如果不能有效利用有限的时间，就会被时间俘虏，成为时间的弱者。一旦在时间面前成为弱者，他将永远是一个弱者。因为放弃时间的人，同样也会被时间放弃。

——德国诗人　歌德

03　不把今天的工作拖到明天

有个朋友问一位做事拖延的人一天的活是怎么干完的。这个人说："那很简单，我把它当昨天的活。"而在工作中，有许多做事拖延的人，他们把今天的事拖到明天，明天的事又推到后天，结果浪费了大量宝贵的时间。

100年前，在非洲地区有两个国家发生了战争。一个国王谋划在敌方国土的水里下毒药毒死对方，这事被对方派来的密探知道了。这位密探立即写信给自己国家的国王说："国王您要警惕，水里有毒药，明天您千万不要喝水。"很快，国王就收到了这封信。

可是这位国王有个坏习惯，总是把今天的工作推到第二天去办，他对大臣说："先把信收好，明天再拆开读给我听。"可他没有见到明天，他喝了水被毒死了。拖延让这位国王没能见到第二天的太阳。

125

你在为谁工作

如果他能及时行动,结果就会截然不同。由此可见,拖延往往会带来异常悲惨的结果。

美国南北战争时期,南方军队的基德上校在玩纸牌时,有人递给他一份报告说,格兰特的北方军队已经到了德拉瓦尔。但他并未打开报告看一下,而是直接将报告装入衣袋中,直到牌局结束,才打开报告。等他调集部下出发应战时,已经太晚了,仅仅是几分钟的拖延,就使全军被俘,他自己也因此丧命。

战争中最为有害的莫过于拖延,许多人都被这种习惯所伤害,以致酿成悲剧。工作中亦是如此,今天能做的事情今天做,切莫拖到明天去做。

俄国沙皇彼得一世曾经说过:"我要使自己的生命尽可能地延长,所以就尽可能地缩短睡觉时间。"哥伦布在清晨的几个小时计划寻找新大陆的航线;诗人布赖思特5点钟起床找寻夜间的灵感……我们所熟知的很多成功者都是珍惜时间的楷模。

瓦特·斯特是个行动迅速的人,这也是他取得众多成就的关键所在。他自己曾说,到早餐时,他已经完成了一天当中最重要的工作。曾经有一位渴望

第五章 好的方法是高效工作的指路明灯

有杰出成就的年轻人写信向他请教,他的答复是这样的:"一定要警惕那种使你不能按时完成工作的习惯——我指的是拖延磨蹭的习惯,要做的工作马上去做,做完工作后再去消遣,千万不要在完成工作之前先去玩乐。"

许多人一生浑浑噩噩、最终一事无成,仅仅是没有把握好当初关键的一分钟。失败者的墓碑上字里行间都充满了这样的警示——太迟了。

就在稍加迟疑、等待的几分钟之间,成功与失败往往转手易人。在工作中,每一个员工都要养成做事及时、绝不拖延的好习惯,做一个成功的时间管理者。一旦我们接受某一项工作,就应该静下心来想一想,确定你的行动方向,然后给自己提一个问题:"我最快能在什么时候完成这个任务?"定出一个最后期限,然后努力遵守。要想成功地管理时间,就应该将自由地拖延当做自己最凶恶的敌人。

一个在工作中拖延的员工绝不是称职的员工。如果你存心拖延逃避,你就能找出成打的借口来辩解为什么事情不可能完成或做不成。如果你发现自己经常为了没做某些事而制造借口,或是想出千百个理由来为没能如期实现计划而辩解,那么现在是该好好检讨的时候了。别再解释,行动胜于雄辩。

将今天该做的事拖延到明天,即使到了明天也无法做好的员工,在许多企业中大量存在。富兰克林曾说过:"把握今天等于拥有双倍的明天。"每一个员工都应该今日事今日毕,否则不可能达到自己想要的结果。

歌德说:"把握住现在的瞬间,从现在开始做起。"只有勇敢的人身上才会赋有天才、能力和魅力。因此,只要立即去做,在做的过程当中,你的心态就会越来越成熟。能够开始的话,那么,不久之后你的工作就可以顺利完成了。

有些人在要开始工作时会产生不高兴的情绪,如果能把不高兴的心情压抑下来,心态就会越来越成熟。而当情况好转时,就会认真地去做,这时候就已经没有什么好怕的了,而达到结果的日子也就会越来越近。总之一句话,必须现在就开始去做才是最好的方法。哪怕只是一天或一个小时的时光,也不可白白浪费。这才是真正积极主动的工作态度。

你在为谁工作

日常工作中,有一种员工是典型的完美主义者,他们觉得没有人能做得比他更好,因此拒绝别人的建议,不要求任何协助。他们会无限地延长工作完成的时间,因为他们需要多一点时间让它更完美。他们以为只要他们一直在做事,就表示还没有完成;只要还没有完成,他们就可以避免别人的批评。完美主义让他们觉得,即使他们什么事都没做,也还是比别人优越。

总有很多事情需要去做,如果你正受到怠惰的钳制,那么不妨从碰见的任何一件事着手。可以依据计划的优先顺序迅速、果断、有效率地采取行动。可以把你因迟疑、拖延所带来的不快、压力一扫而空。要主动控制时间,不要浪费时间,节省时间才可以做更多有意义的事。

假如你应该打一个电话给客户,但由于拖延的习惯,你没有打这个电话。你的工作可能因这个电话而延误,你的公司也可能因这个电话而蒙受损失。

一个真正的艺术家为了不让任何一个想法溜掉,当他产生了新的灵感时,他会立即把它记下来——即使是在深夜,他也会这样做。他的这个习惯十分自然、毫不费力。一个优秀的员工其实就是一个艺术家,他对工作的热爱,立即行动的习惯,就像艺术家记录自己的灵感一样自然。

立即行动!这句话是最惊人的自动起搏器。任何时刻,当你感到拖延苟且的恶习正悄悄地向你靠近,或当此恶习已缠上了你,使你动弹不得时,你都需要用这句话来提醒自己。

比尔·盖茨曾说过,将应该做的事拖延而不立刻去做,总想把工作留到明天再做的员工往往会失去最佳的工作结果。

记住:时间是你唯一可以掌握的东西。你对时间的利用率越高,你可以靠它获得的就越多。

人生寄语

许多人将希望寄托在明天、下个月,甚至十年后,却不努力耕耘今天。

——法国思想家 卢梭

04　换个想法就成功

在激烈竞争的今天，我们要有足够的勇气来接受失败的打击和考验。有些打击和失败不是来自我们的对手，而是由于我们传统的思维，自以为是的经验，不富于变化的表达能力和方法，使自己不能达到最终目的，取得最佳效果。

有个教徒在教堂祈祷时想吸烟，他问在场的神父："祈祷时可以抽烟吗？"

神父冷冷地扫了他一眼："不行！"

这时另一个教徒也想吸烟，他便换了一种方式问神父："在抽烟时可不可以做祈祷？"

神父想了想回答说："当然可以"。

同样是抽烟加祈祷，用要求祈祷时抽烟的方式表达，就似乎意味着对耶稣的不尊重；而用抽烟时可不可以祈祷的方式表达，则可以表示在休闲、抽烟时都在想着神的恩典，神父当然就没有理由反对了。

你在为谁工作

可见,用颠倒过来的智慧,从相反的角度去思考你所要解决的问题,也许就会得到你想要的结果。

当然,世界上的事情是不断变化的,光靠相反的角度有时也得不到满意的结果,这就需要把一个问题换几个角度想一想,调几个角度方能显出变换思维而取得的最佳效益。

考比尔·琼斯是美国20个世纪50年代最著名的出版商。当时,受美国经济危机的影响,出版业也非常萧条,琼斯出版的一大批图书久久不能销出。后来,琼斯想出了一个绝妙的销书办法。他首先想方设法地与总统周围的人拉上了关系,有了面见总统的机会。第一次见面,他就把一本积压最多的书送给了总统,然后三番五次地委托总统身边的人向总统征求对这本书的意见。被政务压得已不堪重负的总统根本就没闲心看这本书,但碍于面子,就在这本书的扉页上写了两个字:"不错"。

琼斯得到这本书后立即大做广告,其中有一句是:"这是总统最喜欢的书。"于是这些书被抢购一空。

不久,总统又收到琼斯送来征求意见的书,上次的事情总统也有耳闻,他自己也觉得上当了,被琼斯利用了自己的名望。这次他想戏弄琼斯一下,就在书的扉页上写道:"糟透了。"

不料,琼斯拿到书后又做了广告,其中有一句是:"这是总统最讨厌的书!"生性就好奇心极强的美国人立即被吊起了胃口,书加印了几次还供不应求,琼斯也因此赚了一笔大钱。

当琼斯第三次将另一册书送给总统时,总统接受了前两次的教训,干脆把书甩到一边,不做任何答复。但过了一段时间,琼斯又做起了广告:"这本书总统已经阅读了两个月,但没有发表任何意见,这是总统最难下结论的书。"

于是,市场上又出现了抢购潮,连总统听说此事也哭笑不得,无可奈何。

可见,一件事情的成败,不仅取决于你思考问题的角度,而且取决于你有没有表达能力,如果具备这个能力,商场上就能赚钱,职场上就能升迁。看来,充分利用好每一件事情上的有利条件,来表达自己的意愿,是每位智者取得成功必不可少的因素。

某报上曾登载了这样一则有意思的小故事:

在英国,有一位22岁的年轻人大学毕业后一直找不到工作,尽管他有一张英国伯明翰大学新闻专业的文凭,但在竞争激烈的人才市场上却四处碰壁。

为了求职,他从英国本土的北方,一直来到首都伦敦。他走进了世界著名的《泰晤士报》编辑部。他十分恭敬地问:"请问你们需要编辑吗?"

对方看了看貌不惊人的他,说:"不要。"

"需要记者吗?"

"不要!"

他不气馁,仍是毕恭毕敬:"需要排字工、校对吗?"

对方已经不耐烦了:"都不要。"

"那么需要更夫、清洁工吗?"

对方几乎发火了:"不要,不要,什么人员都不要!"

年轻人却微微一笑:"那么您一定需要这个。"

对方抬头一看,只见年轻人从包里拿出一块制作十分精美的告示牌,上面写着:"额满,暂不雇用任何人员"。

他的举动被报社的一位主管看在眼里,便把他叫进办公室,在交谈中发现这是一位颇具才华的大学生,便决定录用了他。

20年后,他在这家英国王牌大报的职位是:总编。他就是生蒙。

生蒙一生从事新闻工作,都是脚踏实地、谦虚谨慎。他求职时的技巧也许不是出于本意。如果生蒙一听对方说"不",掉头就走,那么他走的可能是另外一条路。

生蒙的求职给人以启迪:做任何事情除了坚持不懈外,还需要有一种良好的、智慧的表达方式,换种说法,换个想法,就会成功。

你在为谁工作

人生寄语

智者不袭常。

——中国思想家　顾炎武

05　让乏味的工作充满乐趣

某喜剧大师去找心理医生求诊,说他不快乐。心理医生告诉他,去看某喜剧大师的表演吧,他会让你快乐。

喜剧大师说:"我就是他。我送给观众快乐,但那只是我的工作。快乐是他们的,我不快乐。"

这件事对心理医生触动很大,他弄不清楚快乐是谁的,于是也开始忧郁。

心理医生去找喜剧大师,说:"我也不快乐了。"

喜剧大师问:"你治好了许多人的抑郁症,让他们重新感受到了快乐,你为什么不快乐呢?"

心理医生说:"可那只是我的生活。快乐是他们的,我不快乐。"

你是否也像他们一样把快乐与工作截然分开了呢?

拿破仑·希尔说:"人生的最大生活价值,就是对工作有兴趣。"为了能够喜欢自己的工作,你必须不断地在内心肯定自己的成就和表现,强化自己的形象,在工作中获得乐趣。

你每天做什么不取决于自己,而是你的公司的整体规划与近期目标。即使当初选择的这份工作是你喜欢的,也不代表工作的每个具体环节你都会喜欢,总有一些重复性的、属于无奈的、又不得不做的任务存在。这时你将如何面对?保持一种乐观积极的心态是至关重要的。当然这里有一个前提,就是要选择一份自己大体上喜欢的工作来做,然后,努力从中

第五章 好的方法是高效工作的指路明灯

寻找乐趣,并建立自己独特的处事风格。

理查德在大学里读的是中文学,现在所从事的工作也与文字有关,是一名网络编辑,每天要处理大量的文件和资料,难免遇到许多重复再重复的操作性的事务。每到这时,他喜欢为自己泡一杯茶,用5分钟的时间静气凝神,以达到"虚境"的状态,而后集中精力来处理这段工作,在最短的时间内结束战斗。交完工后,才信步回到自己的"格子"里,开始思如泉涌、感情丰润地继续那部分自认为可以充分发挥创造力和显露个性特色的工作,从中找到自信并感觉到"自我"的存在。同时他也喜欢当上司批改完他的文稿时,那满意而赞赏的目光。其实,工作就是工作,它永远不可能像休闲度假一样充满了新奇和喜悦,关键是你如何在其中寻找并感悟乐趣。

刚做旋车工的萨姆尔·沃克莱日复一日的工作就是旋螺丝钉,看着那一大堆等待他去旋转的螺丝钉,萨姆尔·沃克莱满腹牢骚,心想自己干什么不好,为什么偏偏来旋螺丝钉呢?他想过找老板调换工作,甚至想过辞职,但都行不通,最后寻思能不能找到一个积极的办法,使单调乏味的工作变得有趣起来。于是,他和工友商量开展比赛,看谁做得快。工友和他颇有同感。这个办法果然有效,他们工作起来再也不像以前那样乏味了,而且效率也大为提高。不久,他们就被提拔到新的工作岗位。后来,沃克莱成了著名的鲍耳文火车制造厂的厂长。

不要把工作看成是一种谋生手段,而应该把工作当成一种乐趣,这样你才能为工作投入,甚至会为它痴迷,这时所有的困难都会变得轻松起来,因为工作已经成为一种快乐和享受。

国外一家报纸曾举办一次有奖征答,题目是"在这个世界上谁最快乐",从数以万计的答案中评选出的四个最佳答案是:作品刚完成、自己吹着口哨欣赏的艺术家;正在筑沙堡的儿童;忙碌了一天、为婴儿洗澡的妈妈;千辛万苦开刀之后、终于救了危急患者一命的医生。

假如你是一个电话接线生或是一个小公司的会计,你可能会因每天都做着相同的工作,处理客户的来电、统计报表……而觉得生活单调无味到了极点。假如你想让自己的工作变得有趣一点,你就可以把自己每天

133

你在为谁工作

的工作量都记录下来，鞭策自己一天要比一天进步，第二天的工作要胜于前一天。一段时间后，你也许会发现你的工作不再单调、枯燥，而是很有趣。因为你的心理上有了竞争，每天都怀有新的目标。难怪心理学家加贝尔博士说："快乐纯粹是内在的，它不是由于客体，而是由于观念、思想和态度而产生的。不论环境如何，个人的活动能够发展和指导这些观念、思想和态度。"

每一件事，每一个人，从一定的意义上说都是珍奇独特的，只要愿意，这一切都是无穷无尽的快乐的源泉。只要你用快乐的心情去感受，你就能感到你工作的乐趣。那么，怎样从工作中获得乐趣呢？

1. 把工作看成是创造力的表现。 现实中的每一项工作都可以成为一种具有高度创造性的活动。一位教师上一节好的课，不逊色于编排一出精彩的戏剧；一个运动员完美无缺的动作，从创造的角度来看，可以与莎士比亚的十四行诗相媲美，并且可以获得同样的精神享受。

也许你会说自己是一名家庭主妇，并没有从事任何创造性的事业。这你就错了，你是否想过，你的一日三餐就如设宴一样，你对桌布、餐具的鉴赏力都有独到之处，能别出心裁，怎么说没有创造性呢！年青的画家也许能从你那里得到启示：第一流的汤可以比第二流的画更富有创造性。

2. 把工作看成是自我满足。 为了自我满足而从事体育运动是一种乐趣，如果这是强制的运动，就未必是愉快的。一位产科大夫似乎心情特别愉快，因他刚刚接生了第 100 名婴儿。一名足球运动员也因他刚踢进第 10 个球而欣喜若狂。现在，他又为自己能踢进第 11 个球而兴高采烈地开始了新的训练。

3. 把工作看成艺术创作。 有一次，一位教授指着一位在附近挖排水沟的工人赞赏地说："那是一个真正的艺人。看着那些污泥竟能以铁锹上的形状飞过空中，恰好落到他想让它落下的地方。"假如把你在厨房炒菜，看成是油画创作，油、盐、酱、醋就是你的颜料，炒出的新花样就是你创作的新作品，那么你就不会为油烟熏着了你的脸而自怜自艾了。

4. 把你的工作变为娱乐活动。 把工作视为"娱乐"，就能以工作为消

遣。在实际中很多人正是这样做的。请记住劳动和娱乐的不同就在于思想准备不同。娱乐是乐趣,而劳动则是"必做"的,假如你是职业足球员,如果把注意力放在娱乐上,你就可以和业余足球员一样,更加努力地投入比赛。这里不是说比赛本身不重要,而是不要把全部精力集中到比赛这个"赌注"上,而忘记了踢球本身就是娱乐。常常是忘记了"比赛",获胜的机会更大。

美国石油大王洛克菲勒曾经在写给儿子的信中说道:"如果你视工作为一种乐趣,人生就是天堂;如果你视工作为一种义务,人生就是地狱。"相信每个人看了都会从中受益。我们要善于从工作中寻找乐趣,即使再乏味的工作,只要用心体验,也可以发现其中的乐趣。

人生寄语

除了你自己,没有别人能带给你平静。

——美国思想家 爱默生

你在为谁工作

06 休息是为了更好地工作

长久以来,工作几乎主宰了人生所有的命题。似乎人生存的目的,就是为了要工作。而一个只专注于工作而很少休息、没有游乐,甚至在大脑中毫无休息与游乐细胞的人,他的动作一定不会像一个经过了充分休息的人那样自然,那样有力。所以,我们要学会休息,休息是为了更好地工作。

有一个探险家到南美的丛林中,找寻古印加帝国文明的遗迹。他雇用了当地人作为向导及挑夫,一行人浩浩荡荡地朝着丛林的深处去。

那群土著人脚力过人,尽管他们背负笨重的行李,仍是健步如飞。在整个队伍的行进过程中,总是探险家先喊着需要休息,让所有土著停下来等候他。

探险家虽然体力跟不上,但希望能够早一点到达目的地,以实现平生的夙愿,研究古印加帝国文明的奥秘。

到了第四天,探险家一早醒来,便立即催促着打点行李,准备上路。不料领导土著的翻译人员却拒绝行动,令探险家为之恼怒不已。经过沟通,探险家终于了解,这群土著自古以来便保持着一项神秘的习俗,在赶路时,皆会竭尽所能地拼命向前冲,但每走上三天,便需要休息一天。

探险家对于这项习俗好奇不已,询问向导,为什么在他们的部族中会留下这么耐人寻味的休息方式。向导庄严地回答探险家的问题,他说:"那是为了能够让我们的灵魂能够追得上我们赶了三天路的疲惫身体。"

探险家听了向导的解释,心中若有所悟,沉思了许久,终于展颜微笑,这是他这一趟探险当中最好的收获。

凡事都应当全力以赴,这是真正用心做事时最美好的境界。休息时,必须能够完全地放松自我,让疲惫的身心获得完整的复原机会,好让灵魂

得以追得上充满干劲时的步调。

激烈的竞争驱使着人们忘我的工作,每个人的神经都绷得紧紧的。加班、熬夜成了家常便饭,即使节假日也不能好好休息。

现在不管走到哪里,都能听到这样的感叹,"唉,累死了!"差不多每个人都有过类似的体验,只不过程度不同罢了。

如果一个人经常加班、熬夜、休息不好,时间长了就会导致焦虑、失眠、记忆力减退、精神抑郁,甚至引发抑郁症和精神分裂症。如果这种疲劳持续6个月或更长时间,身体就可能会出现低烧、咽喉肿痛、注意力下降、记忆力减退等症状。而且,严重的长期性疲劳很可能就是其他病症的先兆。人们常说的"过劳死"实际上就是长期过度劳累导致的结果。

既然我们知道过度劳累会有一些不良的后果,那么,就不要等到疲劳过度的时候才去休息,最好的做法就是劳逸结合,这样既能让你的身体得到充分的休息,又能使你以更加充沛的精力投入到工作中。

革命导师马克思说:"不会休息的人,就不会工作。"居里夫人一再强调:"科学的基础是健康的身体。"

有一位科学家是国内非常有潜力的科学家之一,他的专业也极具市场发展潜力。但不幸的是他过早地离开了人间,没有如愿地完成自己所热爱的事业,因为他把所有的精力都投入到工作中去,疯狂的无休无止的

你在为谁工作

　　工作损害了他的健康,以至于英年早逝。其实这样的例子有很多。他们已经透支了体力,严重的疲劳后还在继续工作。谁都尝过疲劳的滋味,也都知道休息能消除疲劳,可不少人干起工作来,非等到疲惫不堪后才肯休息。这种干劲可以赞扬,但不宜提倡。

　　无论是身体上的疲劳还是心理上的疲劳,都不是好兆头,这不但会引发某些病症,还会降低工作效率。要防止疲劳,保持旺盛的精力,最重要的是要常休息,尤其是在感到疲倦以前就休息。

人生寄语

休息与工作的关系,正如眼睑与眼睛的关系。

——印度诗人　泰戈尔

第六章

工作中无小事

一个人要想有所作为,一定要从小事做起,如果连最简单的事情都做不好,就不可能做好大事,也不可能成就大业。即使是简单的事情,也要做到最好。只有这样,才能为以后做人事成大业打下良好的基础。

你在为谁工作

01　再小的事也要认真对待

我们知道,细节决定成败。不要瞧不起一些细小的事情,一些看似极微小的事情,也有可能造成重大事件。有许许多多成功的范例,都是由现实生活中的一些小事所触发的灵感引起的。只要你多留心生活,善于观察,勤于思考,一点小事就可能将你引上成功之路。

新人初进公司时,往往会被安排去做一些平凡的工作,一些比较琐碎的事情。不要以为上司交给你平凡的任务是不重视你,甚至是瞧不起你。其实,很多时候,上司交给你做每一项工作都是有目的的,特别是对于初入职场的新人,上司往往从你对待平凡任务的态度、执行的过程和结果中,对你做出判断,给你打分,把你划分到不同的员工类型中去。如果你毫无怨言,做事踏实,说明你是一个敬业的员工;如果你又快又好地完成任务,说明你工作能力强,有潜力。能力强又敬业的员工每个老板都会赏识,在以后的日子里一定会有意识地锻炼你、培养你,适当的时候肯定会让你去做重要的事情。但是,如果你不停地报怨,消极地应付,你就会被认为是一个不值得培养的员工,即使上司不当面批评你,也会暗暗将你打入"冷宫",那些重要的机会将永远与你无缘。

实际上看似平凡的工作,往往蕴藏着十分宝贵的学习机会。所以初入社会的新人,应该把这些平凡的工作看做是一条出路,只有把平凡的任务完成得让上司满意,才会打下良好的基础,并得到上司的重视,才有资本做好重要的事情。如果不重视平凡的任务,敷衍了事,这样既不会实现自己的初衷——让上司分配给你一些重要的事情,还会给别人留下不负责任的坏印象。

那些轻视平凡任务的人,正是因为对平凡的任务缺乏正确的认识,才错失了许多机会。作为一个初入社会的新人,应该学会正确地看待平凡的任务,并努力去做好它,只有这样才会使你更快地成长、进步,使你逐步向成功迈进。

所以一定要养成重视平凡小事的习惯，因为从一些小事上，能反映出一个人做事的态度。不要忽略一些不起眼的小事或平凡的事，有时正是这些小事或平凡的事决定着一个人的成败。

每一件事情都是重要的事，而每一件事情又都是小的事情，关键是你把它摆在什么地方，如果你不小心把一根头发放在某件精密仪器中，也会影响到这台机器的正常运行，从而影响整个实验的成败，一丝毫发，在这个地方就是一件非常大的事情，问题是你怎么看待这件事情。

实际上，很多成大事者并不是一走上社会就取得很好成绩的，很多大老板就是从伙计当起，很多政治家是从公务员当起，很多将军是从小兵当起。人们很少见到一走上社会就真正"做大事"的。所以，当你的条件只是"普通"，又没有良好的家庭背景时，那么先做平凡的小事情绝对没错。因为许多机遇就在我们身边。

那么先做平凡的小事情有什么好处呢？

先做平凡的小事情最大的好处是可以在低风险的情况之下积累工作经验，同时也可以借此了解自己的能力。当你做小事得心应手时，就可以做大一点的事。赚小钱既然没问题，那么赚大钱就不会太难。何况小钱赚久了，也可累积成"大钱"。

此外，先做平凡的小事情还可培养自己踏实的做事态度和金钱观念，这对日后"做大事"以及一生都有莫大的助益。

沃尔夫毕业以后，在找工作连连碰壁的情况下，他去问他家附近的报纸经销商米塞里先生能不能让自己先兼职送报。米塞里先生说："如果你有自行车，我就给你一条送报路线。"

沃尔夫一家住在芝加哥，他把家里唯一一辆二手自行车骑了过去，就此上了工。送报可不容易，尤其是星期天的报纸页数多，分量重，沃尔夫便一步步上楼去送。如果是平房住宅，他会把报纸放到纱门里面；如果是公寓大楼，他就送到门口。碰到下雨天，他就拿爸爸的旧雨衣盖在报纸上面，使报纸不会被淋湿。

你在为谁工作

沃尔夫的爸爸得了肺炎,出院后因家里开支困难,便卖掉了沃尔夫的自行车,所以,他只能步行送报。

8个月下来,沃尔夫送报纸路线上的订户从36户增加到59户。

那一年圣诞节前的那个星期四晚上,沃尔夫去按第一个订户的门铃,屋里灯亮着,却没有人开门。

他到另一家去,也没人开门。下一个订户,以及再下一户,情形都一样。没多久,沃尔夫已经敲遍了几乎所有订户的门,按了他们的门铃,但情形都是一样的,没有一个订户给他开门。

沃尔夫很着急,因为第二天(星期五)就是交报费的日子了。圣诞节就在眼前,他却没想到大家都会出门买礼物。

接着,沃尔夫走到最后一个订户戈登家,听到屋里有音乐和人声的时候,他心里非常高兴。沃尔夫按了门铃,大门应声而开,戈登先生几乎是把他拖进门去的。令沃尔夫诧异的是,他的其他58位订户几乎全部挤在戈登先生的起居室里,房间中央有一辆崭新的自行车,深红色,有一盏电池车灯,还有车铃,把手上挂着帆布袋,里面鼓鼓地塞着五颜六色的信封。

142

"这是给你的，"戈登太太说，"我们大家都凑了一份。"那些信封里是圣诞卡，另附那个星期应付的报费，大多数信封里还有一笔丰厚的小费。沃尔夫愣住了，激动得不知说些什么好。他只能够说一句"谢谢你们"，说了一遍又一遍。

回到家，沃尔夫点了点小费，超过100美元，这笔意外之财使他成了家里的英雄，也让他们家过了一个欢愉的圣诞假期。

沃尔夫从此明白一个道理：即使是做最微小的工作，也要敬业自重。这是踏上成功之路的第一步。平凡的任务看似没有什么深奥之处，也没什么值得你重视的价值，但深究后会发现，平凡的任务照样能让你展现不平凡的风采。如果你表现出积极的踏实的工作态度，说明你是一个对工作有热情的人，是一个对工作不挑剔、一定会完成任务的人，这样就会使你成为一个让老板信赖的人，而赢得老板的信任后，老板就会把一些重要的工作交给你做，你成功的几率就会增大。在执行平凡的任务的过程中，还会建立良好的人脉关系，得到周围人的支持和帮助，一个具有良好人脉关系的人，自然更容易获得成功。

每一件事都值得我们去做，不要小看自己所做的每一件事，即使是小事，也应全力以赴、尽心尽力地去完成。

人生寄语

在中国，想做大事的人很多，但愿意把小事做细的人很少；我们不缺少雄韬伟略的战略家，缺少的是精益求精的执行者，绝不缺少各类管理规章制度，缺少的是对规章条款不折不扣地执行。我们必须改变心浮气躁、浅尝辄止的毛病，提倡注重细节、把小事做细。

——广东省前省长　卢瑞华

你在为谁工作

02　把细节落在实处

　　生活中和工作中，我们常常会忽略很多东西，或许是因为生活的忙碌，或许是因为自己的粗心大意，就在有意或无意间遗漏了很多。有些我们可以挽回，而有些却永远无法挽回。所以，我们要留心生活中、工作中的每一个细节，不要留下太多的遗憾。

　　在我们的举止言谈之间，一笑一颦之间，站姿坐相之间，处处都充满着细节的魅力。只要我们能够做得到位，做得及时，我们就会成功。细节的落实是困难的，因为需要我们时时刻刻地去注意它们，也许不经意之间我们的一次小小的疏忽，可能会导致一次大的危机或者灾难。

　　2001年美国的9·11事件，就是因为飞机的安检没有做好，结果让恐怖分子有机可乘，造成了几千人员的伤亡，也造成了上千亿美元的损失。所以，在日常生活和工作中，一定要防微杜渐，不要让一些看似不起眼的小事毁坏了自己的人生。

　　细节往往能暴露很多人们刻意要隐藏起来的东西。工作中我们更应该记住"大处着眼，小处着手"的原则。尽管我们看问题时必须站得高、看得远，但现实中的工作都是由一件件的小事组成的，只有把一点一滴都做好了，才有可能成就大事业。

　　乔·吉拉德被人们称为"世界上最伟大的推销员"，他认为，销售人员的人品比商品更重要。一个成功的推销员必须具备一颗尊重普通人的爱心，而爱心来自于注重每一个细节。注重细节使他创造了12年推销出13000多辆汽车的吉尼斯世界纪录，而且都是用零售的方式一辆一辆地卖出去的。其中有一年他曾经卖出了1425辆汽车。

　　一次，一位女士来到吉拉德的汽车展销室，吉拉德非常热情地接待了她。那个妇女很兴奋地说，今天是她55岁的生日，想买一辆白色的福特

第六章 工作中无小事

车作为生日礼物送给自己。她刚去了福特车行,但那里让她过一个小时再去,所以自己先到这里看一看。

吉拉德立刻很有礼貌地祝她生日快乐,随后他向自己的助手交代了几句,便领着那位女士从一辆辆新车前慢慢走过,一边看一边详细介绍。来到一辆雪佛莱前时,他建议:"夫人,您对白色情有独钟,请看这辆轿车也是白色的。"这时,助手将一束鲜花交到了吉拉德手中,吉拉德接着把这束鲜花送给那位女士。

她十分感动:"先生,太感谢您了,很久没有人送礼物给我了。刚才那家福特车行的推销员看到我开着一辆旧车,以为我买不起新车,所以我提出要看一看车时,他便说让我等一等,他有事先出去一下。其实我也不是非要买福特车。"最后,那位女士开走了吉拉德店里的一辆白色雪佛莱轿车。

这只是乔·吉拉德在创造推销奇迹中的一个小举动,却显示出他对每一个顾客照顾的细微程度,并给人一种体贴入微的感觉,也正是他对这些细节的关注,使他成为一名优秀的推销员。

我们都知道,一个再大的工厂,要想进去也是需要一个小小的钥匙的,没有钥匙,这个工厂再大,你也束手无策;一家银行,你看着金库再大,

145

你在为谁工作

也需要几个数字的密码，没有密码，你也取不出来钱。从这些例子可以看出，细节问题是多么重要，把握住细节，我们便可以成就大的事业。许多的事情都是从小处入手的，注重细节我们会得到意想不到的效果。

要获得领导的认可、同事的尊敬、客户的满意，我们在工作中就必须注重细节，因为我们的工作能力和人格魅力都将通过一些具体的细节展示出来。注重细节还要求我们从大局出发，从公司整体利益出发，不要做"只见树木不见森林"的人。我们不能只看到公司的一小部分，而忽视了整个公司；也不能因为眼前的问题堆积如山，而忽略了与其他部门或同事之间的协调配合，我们必须站在一个更高的角度来看问题。

一叶知秋，小中见大。失败常常因细小的失误引起，成功则往往从重视并做好每一个细节开始。

工作中，有些员工会觉得，日复一日地干一些简单枯燥的事情，被交付一些芝麻绿豆大的小事会很无聊。总觉得自己大材小用，很没有成就感。他可能因此而消极地对待工作，办事开始拖拉。因为他认为凭他的能力轻易就能完成，在最后时刻再干都不迟。正是这些想法，使得许多优秀员工无法顺利完成任务，或者惹下麻烦耽误事情。我们可以留意一下自己和身边的新员工，看看他们是否在为琐碎小事和自认为无聊的工作而应付了事，是否认为上班是一件苦差事。其实，企业正是用这些小事情来不断地考验和提升我们。只有在这些看似简单其实复杂的"考题"中顺利通过，我们才会不断得分，最终迎来职场生涯的辉煌。

在平凡的生活中，这样的"考题"总是通过一些细节展现在我们面前，因此，处理细节的能力是评定员工能力的主要标准之一。一个注重细节、将任何事情都做得完美的人，必定会开拓自己的一片天地。如果一个人没有甘于平凡的精神，没有认真做好每一细节的态度，又怎么能让老板和上司对他有信心，从而让他承担更重要的责任呢？所以不论你是负责跑腿的职员，还是处理文书的打字员，做好分内的工作，这是现阶段最起码的要求，也是不可或缺的基础。毕竟，先做好眼前的事，才有资格谈以后的重大责任。

人生寄语

工作中,你要把每一件小事都和远大的固定的目标结合起来。

——俄国诗人　马雅可夫斯基

03　每一件小事都值得我们去做

成功学大师卡耐基曾说:"一个不注重小事情的人,永远不会成就大事业。"

法国大画家莫奈有一幅画,描绘的是女修道院厨房里的情景。画面上是正在工作的三个天使。一个正在烧水,一个正优雅地提起水桶,另外一个穿着厨衣,伸手去拿盘子。这幅画告诉我们:生活是由许多小事组成的,每一件小事都值得我们去注意,值得我们去做。

我们做事情,做事的方式本身并不能说明我们自己的意愿,而是要

你在为谁工作

看我们做事时的心态。工作是否单调乏味,是否有种难受之感,取决于我们的内心。

人生的目标是在工作中实现的,你在工作中的态度往往决定你的工作质量,决定着你的生活质量,也决定着你的人生质量。日出日落,朝朝暮暮,它们或者使你的思想更开阔,或者使其更狭隘;或者使你变得更加高尚,或者变得更加低俗;或者使你变得积极乐观,对生活充满热情,或者使你变得消极悲观,感觉生活乏味、枯燥。

我们所做的每一件事情对我们的人生都具有十分深刻的意义。如果你是砖石工或泥瓦匠,可曾在砖块和泥浆之中看出艺术的美感?如果你是图书管理员,经过辛勤劳动,在整理书籍的间隙,是否感觉到自己已经取得了一些进步?如果你是学校的老师,是否一见到自己可爱的学生,所有的烦恼都抛到了九霄云外了?

在强大的生存压力面前,许多员工都很难以一种良好的心态对待他们的工作,他们总是会有些埋怨和不满。他们拥有渊博的知识,受过专业的训练,他们朝九晚五地穿行在写字楼里,有一份令人羡慕的工作,拿一份不菲的薪水,但是他们并不快乐。在日益高涨的房价、物价面前,他们手中的钱越来越难去应付,于是,他们抱怨社会,他们精神紧张,未老先衰,常常患胃溃疡和神经官能症。他们是一群孤独的人,不喜欢与人交流,不喜欢星期一,他们视工作如紧箍咒,仅仅是为了生存而不得不出来工作。

在强大的压力面前,我们更应该从容地面对自己的工作,把自己的每一件事情都做好。即使你的处境不尽如人意,也不应该厌倦自己的工作,世界上再也找不出比这更糟糕的事情了。如果环境迫使你不得不做一些令人乏味的工作,你应该想方设法使之充满乐趣。用这种积极的心态投入工作,无论做什么,都会很容易取得良好的效果。

工作不只是谋生的手段——一种赚钱、养家或赢得社会地位的手段,工作也是培养人具有各方面丰富经验的手段。你对工作投入的热情越多、决心越大,工作效率就越高。孔子说得好,"知之者不如好知者,好知

第六章 工作中无小事

者不如乐知者。"当你抱有这样的热情时，上班就不再是一件苦差事，工作就会变成一种乐趣，你就会很好地完成上司交给你的任务。这时工作不再只是因为生存需要，迫使自己从事的一项活动，工作是为了让自己更快乐，而且，这种快乐是最令人满足的，是最不可能让人后悔和失望的。

当你对自己的工作充满兴趣的时候，就该爱你所选，不轻言变动。如果你开始觉得压力越来越大，情绪越来越紧张，在工作中感受不到乐趣，没有喜悦的满足感，那就应该从心理上调整自己，因为你如果带有一种厌倦情绪投入到工作中，即使换一万份工作，也不会有所改观。

只有把小事做好，才有对大事的成功把握。一步一个脚印地向上攀登，便不会轻易跌落。通过工作获得真正的力量的秘诀就蕴藏在其中。

人生寄语

一个不注重小事情的人，永远不会成就大事业。

——美国成功学大师 卡耐基

04 即使是最简单的事情也要做到最好

野田圣子是一个日本女子，年轻美丽，她毕业后找到的第一份工作是在帝国酒店当白领丽人。

在酒店受训期间，酒店安排她打扫厕所。从小娇生惯养的她从来没有干过这样的活，在第一次刷洗马桶的时候，她差一点吐出来。

但她并没有退缩，她明白，要当白领丽人，就必须从最基层的工作开始干起。她每天强制自己打扫厕所，把马桶擦得干净、光洁，她觉得自己做得蛮像一回事，应该是无可挑剔了。

你在为谁工作

可是有一天,一件野田圣子从未料到的事情使她的身心受到了强烈的震撼。当她打扫干净自己负责的厕所以后,偶然走进另一个厕所。负责打扫这间厕所的是一个蓝领清洁工,从外表看,她觉得清洁工打扫的厕所和自己打扫的没有什么两样。但清洁工打扫完厕所以后,从容地从马桶里舀了一杯水,当着野田圣子的面"咕噜咕噜"地喝了下去。野田圣子看呆了,她简直不敢相信自己的眼睛。然而这一切都是真的!

清洁工以她的行动表明,她负责打扫的厕所有多么干净,干净到连马桶里的水也可以喝。

心灵受到震撼的野田圣子感到十分惭愧,与清洁工打扫的厕所相比,她打扫的厕所的清洁度还差得远呢。她暗暗对自己说:"连厕所也打扫不干净的人,将来是没有资格在社会上承担起重要责任的。即使自己一辈子打扫厕所,也要做个最出色的人!"

从此,野田圣子打扫厕所异常认真。有一天,在打扫完厕所、洗完马桶以后,她也很坦然地从马桶里舀了一杯水"咕噜咕噜"地喝了下去。

喝马桶里的水的经历使野田圣子终身难忘,正是这次经历成为她今后为人处世的精神力量,她一步一步地走向成熟,走向成功。

多年以后,野田圣子成为日本邮政大臣,而且是日本内阁中最年轻的阁员,也是唯一的一个女性阁员。

很多时候,一件看起来微不足道的小事,或者一个并不明显的变化,却能改变人的命运。让重视小事、简单的事成为我们的一种习惯,培养我们的责任感,从而与优秀、成功同行,我们也会成为一个优秀的人、成功的人。

人生寄语

试着把眼光放在我们生活中那些最小的地方,也许你就迈出了成功的第一步。

——佚名

第七章

把自己当做团队中的一员

"一只蚂蚁来搬米,搬来搬去搬不起,两只蚂蚁来搬米,身体晃来又晃去,三只蚂蚁来搬米,轻轻抬进洞里去。"由"三只蚂蚁"构成的团队在行动时出现了两个截然相反的结果,这正是团结协作的结果。如果你才华横溢、魅力四射却遭职场拒签,那么你就应该好好问一下自己:你觉得自己是一个优质的团队人吗?

01　团队精神

一个瞎子在一处糟糕的路段停了下来。他遇见了一个瘸子,于是,瞎子恳请瘸子帮助他脱离他面对的困境。

"我怎么帮你呢?"瘸子回答道,"我连自己都快要拖不动了。我的腿是瘸的,而你看起来很强壮。"

"我是很强壮,"瞎子说,"如果我能看得见路,就可以走。"

"噢,那么,我们可以互相帮助了,"瘸子说,"如果你把我背在背上,我们就可以一同寻找发财的机会了。我做你的双眼,你做我的双脚。"

"我十分乐意,"瞎子说,"让我们互帮互助吧。"

于是,瞎子把他的瘸子同伴背在背上,他们既安全又愉快地继续旅行。

特殊的条件下,瞎子和瘸子组成了一个临时团队,他们各自发挥了自己的特长,互相帮助着走出了困境。一个人的力量是有限的,团队的力量是惊人的。

团队精神对任何组织来说都是极其重要的,大到一个国家,小到生活中的一个游戏,都需要每个成员具备团队精神。正因为团队精神的存在,这个社会中才会有凝聚力。

有位男士最近有点心烦,因为他刚被老板炒了,尽管他是一个很有工作能力的人。问其原因,皆因他们所处部门的内讧。他和另外两名也有不俗业绩的人相处得很不融洽,甚至有些格格不入,见了面一声不吭,连个招呼都不打,有时还怒目而视,恶言相向。

外国老板见此,就让他们三个都走人了。

历史上,"窝里斗"的事例也不少见。

战国时期的齐国有公孙无忌、田开疆和古冶子三人,都有万夫不挡之勇,在战场都立下过赫赫战功,就连他们的敌人,在听到他们的名字吓得胆战心惊的同时,也会从心底产生一种敬意。

但是,他们是三个有勇无谋的人,自恃功劳很大,便渐渐傲慢狂妄起来,别说一般的王公大臣,有时就连国君也敢顶撞。

当时他们的所作所为引起了齐相晏婴的担忧,虽然他们勇武过人,但都没什么脑子,常常不辨是非,而且对国君也不大忠心,万一受了坏人的唆使,那后果可不堪设想。与其养虎为患,倒不如斩草除根。晏婴便和国君齐景公密议,找个适当的机会除掉这三人。

正好有一天鲁昭公来访,齐景公便设宴热情相待。席间晏婴献上一盘非常鲜美的桃子。

欢宴完毕,送走了鲁昭公,晏婴便问齐景公:"还剩下两个桃子,请问应该赏给谁呢?"

景公会意,略作沉思状,然后说:"这两只桃子,就赏给功劳最大的人吧。"他转身问那三勇士,"你们三个谁的功劳最大呀?"

公孙无忌首先跳出来,"我的功劳最大!这是天下有目共睹的事嘛!"

田开疆第一个不服气,"你的功劳最大?难道我田开疆就不大吗?!"

公孙无忌狠狠地瞪了一眼田开疆:"看样子你是不服气呀,你敢跟我比试比试吗?"

面对公孙无忌的挑衅,当着君臣的面,田开疆更是怒不可遏:"别以为我怕你,比就比!其实我也早就看你不顺眼了!"

为了争得这份"厚礼",公孙无忌和田开疆撕破脸皮,动手打了起来。二人拳来脚往,招招往要命的地方打,每一式都欲置人于死地。斗了300多回合,公孙无忌奋起一脚,将田开疆踢出一丈开外,当时七窍流血一命呜呼。

公孙无忌愣了愣神,回想起自己与田开疆驰骋杀敌和大口喝酒、大块吃肉的情形,后悔不已,自觉真是对不起他,便挥掌朝自己的脑门劈下,立时血溅四壁,随田开疆而去。

古冶子开始时还心存不轨:"你们二人杀去吧,我先坐山观虎斗,等你

155

你在为谁工作

们两败俱伤时,看我怎么收拾你们!"当他看到公孙无忌和田开疆都相继命归西天,想想三士为争两只桃子而死,不觉悲从中来,三士已亡其二,自己独活又有什么意思? 也当场自杀而死。

就这样,晏婴帮齐景公去掉了心头大患。

这个故事就是历史上有名的"二桃杀三士"。试想,假如"三士"齐心合力辅佐国君,那该是怎样完美的景象啊!

时代需要英雄,但更需要优秀的团队。一个民族如果没有团队精神将无所作为,一个企业如果没有团队精神也将成为一盘散沙。

说到企业,尤其是一些私有企业,也是随着工作时间的延长和效率的增长而加薪的,工作得越久,老板给加的薪水也越多,企业的成本也就增加了。有些老板正想借一些机会裁掉老员工呢,同事内部内讧一起,不正授人以柄吗?

"团结就是力量"这句话谁都懂。我们反过来说,外企也好,中企也好,哪个上司不愿员工精诚团结,发挥出最大的团队精神呢?

团结不但对别人有益,更为有益的当是自己,而且它带来的好处不仅表现在财富上,也会使你的精神世界更充盈。

团队成员之间良好的沟通是至关重要的。沟通的方式之一就是表达。表达可以采用语言、行为、文字、表情等等许多种方式,表达可以充分展示出一个人的智慧。智慧地表达可以说是我们走向成功的必由之路,也是让人摆脱困境的必由之路。

曾经有一个小镇的日杂商店门前挂着这样一块招牌:"Fe 是人体不可缺少的重要元素,本店新进一批高科技、高含量 Fe 锅,数量有限,欲购从速!"

买 Fe 锅的人还真不少,有人问店主人:"什么是 Fe 锅?"

店主人说:"我也想不太明白,就知道 Fe 是人体必需的一种微量元素。"

这人又说:"Fe 是铁的化学元素符号,你干脆说铁锅不就完了吗? 绕这个圈子干吗?"

店主人神秘地眨眨眼:"说铁锅根本就没人买,这是镇中学教化学的老师给我们出的招儿"

且不说店主人这种做法有没有欺诈顾客的嫌疑,但他利用了小镇上许多人都不知道 Fe 是什么东西的弱点,利用知识充分表达出自己推销铁锅的意愿,果然收到了很好的效果。如果只是写出新进一批铁锅之类的招牌,恐怕真的没有几个人去搭茬了。

智慧地表达和表现,有时也会展示出一种团队精神,即便是再弱小的群体,通过聪明的表现,也会战胜强大的对手,使自己立于不败之地。

每一种能源形势及每一种动植物的生命,若要生存,都必须团结起来。

在浩瀚的大海里,生活着这样一种小红鱼,它们身体弱小,游动缓慢,成群结队地在大海里寻找食物。在强手如云的海洋里,它们极易受到攻击,那么,它们靠什么来保护自己呢?

一群小红鱼慢慢地游了过来,一头巨大的虎头鲨悄悄地跟在它们身后。小红鱼们发现了危险,它们拼命地逃奔,但虎头鲨张开大口,以极快的速度赶了上来。许多小红鱼被它吞进肚里。

危险过后,小红鱼们伤心极了,它们知道如果这样下去,早晚都要变成那些凶猛的大鱼们的美味佳肴,它们的种族也早晚有一天要在海洋里灭绝。

这时,一条小黑鱼游了过来,说:"大家不要伤心,我们应想办法来表现出自己的强大,让那些大鱼不敢靠近我们。"

小红鱼们说:"能有什么办法,我们天生就长得这么小,游得又这么慢。"

小黑鱼说:"请大家照我说的做,一定会吓走那些可恶的大鱼。"

小黑鱼边游边说,让小红鱼们慢慢地聚拢起来,组成一条大红鱼的模样,然后小黑鱼游到"大红鱼"的头部,变成了这条"大红鱼"的眼睛。

片刻之后,一条黑眼睛、体大无比、浑身闪着光泽的"大红鱼"出现在淡蓝色的海水中。

小黑鱼说:"我们出发吧,大家一定要保持好队形,不论遇到什么情况也不要乱。"于是,它们各自保持着自己的位置在海中慢慢游动,路上还有

你在为谁工作

　　许多小红鱼不断地加入到队伍中来,使"大红鱼"的身体愈加庞大。小红鱼们发现,虎头鲨看到它们远远地游来,真的不敢靠近,甚至连大鲸鱼也没见过这么大的"红鱼",见到它们也赶紧地游开了。

　　通过这种智慧的、形体的表达,小红鱼们表现出一种可敬的团队精神,这种精神如引申说,可以理解为一种民族精神、一种战胜一切邪恶势力的精神。不论在事业中、工作中、生活中,我们都需要这样一种精神。正因为有了这种团队精神,我们的工作才不会是孤独而无助。团结协助的力量是无限的。正如新东方创始人俞敏洪所说:"你要想走得很快,你一个人走;你要想走得很远,你们一群人一起走"。这就是团队的力量。

人生寄语

　　一个人如果单靠自己,如果置身于集体的关系之外,就会变成怠惰的、保守的、与发展相敌对的人。

——苏联作家　高尔基

02　众人拾柴火焰高

现代社会是一个充满竞争的社会。"物竞天择,适者生存",可以说,竞争无处不有,无时不在。

每天,当你与同事到达写字楼旋转门的一刹那,竞争就开始了。旋转门的巧妙之处在于,谁捷足先登,便会领先一步。先进去的也许恰好赶上了正要关闭的电梯,而你因为礼让三番,可能在焦急等待的 3 分钟里错过了老板的查询,甚至一个重要客户的电话。

更为关键的是,你与他的较量不是短期行为。你们要一起开会、一起共事,你的电话、传真、偶尔与女同事所开的稍稍有点过分的玩笑,都在他的掌控之中。既然如此,怎样与同事相处就成了许多有此境遇者难解的烦心"瓶颈"。

长期从事人际关系研究的金赛博士指出:随着社会分工专业性的加强和职能的细化,表现在工作能力上的竞争只是衡量人们潜在能力的外化标准,它可以通过时间、阅历、工作的熟练度加以解决;而另一种竞争虽然早已存在,但多数人出于良好的愿望和粉饰太平的需要,将其抹杀到最弱化的程度,那就是通过诸多巧妙而合理的方法让自己在工作环境里拥有好的位置、好的人际关系,同时熄灭那些可能引燃障碍和麻烦的危机火苗。

同事之间本应该互相帮助、互相关心,但由于竞争激烈,所以不可避免地出现了你争我斗的场面,这让我们如履薄冰。

方先生在广告公司的能力有目共睹,已经有传言公司正在考虑提升他为客户部主管。不过,公司还是从外面挖来了高手李先生来担任此职。李先生年轻能干却很低调,时时向方先生请教工作中的难题,他们因为都喜欢玩"智力游戏"而成为知己,有时两人还会在办公室里闲聊几句,偶尔方先生也议论一下公司同事的短长。不久,方先生隐约感到公司上层对自己的

159

你在为谁工作

工作有些不可理喻的挑剔,而且还有好几个同事想离开这个部门,这时方先生才惊觉李先生的厉害,从此再也不向办公室的任何人说真心话。

难道办公室里就没有没有合作,只有竞争吗?

在规划自己需要一个怎样的工作环境的同时,首先应考虑一下,同事们需要一个怎样的新同事呢?是啊,先反省自己,穿别人的鞋走走看,站在别人的角度、立场去思考。

艾伦经过了几轮面试,今天是她到新公司上班的第一天,这是一个规模不算大但很有前途的公司,老总似乎很赏识她,一个新的天地在她的面前逐渐展现。

但是,一切似乎并不如意,第一天上班,她交代助理将进货清单按照格式列好,助理很诧异地说,以前的组长不是那样做的。艾伦坚持要助理这样做,助理有些不高兴。午饭时,艾伦刚走进公司楼下的快餐店,就看到谈得正欢的几个同事忽然安静了下来,她隐约觉出了什么,心里有点不安,远远地坐在另外一张桌子上……一个星期下来,艾伦和同事之间似乎总有着不大不小的别扭。第二个星期,老总有一件急单要处理,同事们将事情推给了她,她加班到第二天凌晨1点,发誓要做好让同事看看。没想到,第二天老总发现单子出了问题,大发雷霆,同事都把责任推到她身上,她忍不住和一个说话尖刻的同事吵了起来,彼此都说了难听的话,直到老总制止了她们。

她忽然觉得自己来这个公司真是个错误的选择,老总怀疑她的能力,同事都一致排外地给她难堪。事情没有比现在更糟糕的了,尽管她一直都希望自己能在新的公司工作出色,就如在以前那家公司一样,同事尊敬,上司信任,如果不是想要和男朋友生活在一个城市里,她也不会放弃刚开了个好头的事业。她从来都没有怀疑过自己的工作能力,可是为什么自己的新工作会这么吃力?问题出现在哪里呢?她不想回家,也不想让男友担心……

她回想着在公司的这几天所发生的事情:那天让助理列清单时,自己并没有向她解释清楚这样做的原因,这是不尊重同事的表示,难怪会产生误会;自己业务上有困难时,从不向有经验的同事请教,别人一定以为自己不需要帮助了;同事将急单交给她,也许是为了锻炼她,是自己太急躁,明明是一个新人,却刻意地拉远自己和同事的距离,摆出一副很能干的样子;而且,到新公司这么久以来,她从来没有主动帮助过谁……太多的过失,原来是发生在自己的身上啊!

第二天早上,艾伦找到助理:"对不起,我一直没有和你好好沟通。"她把自己的理由对助理说了,又细心听了助理的建议,两人终于商量出一个更有效率的工作方法。午饭时间,艾伦走到那个和自己吵架的同事面前,轻声说:"对不起,昨天是我不对,说了很多伤害你的话,可以和你一块吃饭吗?"同事听了,也觉得很歉疚。两人欣然一笑,艾伦借此熟悉了这位同事的性情。

几个月过去了,工作中的艾伦更有经验,也更真诚。她热心地帮助同事解决问题;遇到困难时,她就虚心向同事请教;她以更细致的服务为公司争取来了大客户。公司的赢利为大家带来了努力工作的动力,和谐的人际关系也为艾伦带来了身心愉快的工作环境。在年度庆功酒会上,当艾伦宣布自己的婚讯时,她得到了所有同事最衷心的祝福。

生活中不难发现,有的企业组织涣散,人人自行其是,甚至搞"窝里斗",何来生机与活力? 又何谈做事、创业? 所以,作为一名在职人员,尤其要加强个体和整体的协调统一。因为员工作为企业个体,一方面有自

你在为谁工作

己的个性,另一方面,就是作为整体中的一分子。个体如何很好的融入集体,在很大程度上取决于人的协调和统一。

所以,无论自己处于什么职位,首先需要与同事多沟通,不要抱着同事是"冤家""敌人"的成见,否则你难以立足,更难发展。我们应该意识到:工作是一种团队合作精神,成绩是大家共同努力的结果。

曾经看过这么一个故事:在一个寒冷的冬天,一个卖包子的和一个买被子的同在一间破庙里躲避风雪。卖包子的很冷,卖被子的很饿。他们谁都以为对方会开口求自己,因此谁都不愿先开口。过了一会儿,卖包子的对自己说:"饿了,吃个包子。"卖被子的也自言自语:"冷了,盖条被子。"就这样,他们一个不停地吃包子,一个不断地往身上盖被子,谁也不愿向对方求助。到最后,一个冻死了,一个饿死了。

帮助别人也意味着帮助自己,帮助别人不仅是一种积极的工作态度,也是有利于你自己的良好作风,因为有时你也需要别人的帮助。现实中,很多人崇尚个人本位主义,说人家忙是应该的,是活该,我该休息了也是应该的。如果一个组织存在这种思想,那么这个组织就很危险,很难成为"一家人",其凝聚力、战斗力就会大打折扣。

众人拾柴火焰高,良好的同事关系是职场成功的重要因素。工作是一部大机器,员工就好比一个个零件,只有各个零件凝聚成一股力量,这台机器才可能正常启动。这是同事之间应该遵循的一种工作精神或职业操守。

人生寄语

一朵鲜花打扮不出春天的美丽,一个人的先进总是单枪匹马,众人先进才能移山填海。

——中国当代英雄 雷锋

03　处理同事之间的关系要把握好度

同事是与自己一起工作的人,与同事相处得如何,会影响团队的整体力量,也直接关系到自己的工作、事业的进步与发展。为了更快地升职晋级,你一心钻研业务,而忽略人际关系的建设,致使自己在公司中处于孤立无援的地位是很危险的。但是,在与同事交往中,一定要掌握"度"。

有的公司员工上班时在一起,下班后仍腻在一起,亲密接触;有的公司同事关系则是工作时通力合作,讲究团队精神,下班后各奔东西,"互不干涉内政"。大家待在同一个公司里,可以说是同舟共济、甘苦与共,人人都能成为朋友,互相帮助,更可借着良性竞争发挥彼此激励的效果。可是如果把同事等同于知己,就不对了。因为职场内充满了利益冲突,彼此的位置和关系随时可能改变,今天是要好同事,也许明天就成了敌人。那过去的秘密可能成为对方手上的把柄,正可谓"害人之心不可有,防人之心不可无"。

小叶和晓菲是多年的知己了,又在同一部门工作,平时几乎形影不离,无话不说。最近小叶经过努力晋升到了部门主管的职位。晓菲也为之感到高兴,并约朋友为她庆贺。小叶下定决心,把人心涣散、工作效率低的部门整顿成公司的先进部门。可就在她宣布工作纪律的第二天,就有3个人,包括晓菲,在上班时间擅离岗位上街买东西。虽然她们3个人不到10分钟就回来了,但这种无视公司规定的行为令小叶极为恼火,于是她召集部门员工开会,严厉批评了这种违规行为。为了表示自己与前任主管的不同,她在讲话中只点了晓菲一个人的名字,以示她对亲者严、对疏者宽。小叶怎么也想不到,晓菲当即同她顶撞起来,指责她为往上爬不惜用朋友垫脚,宣布从此与她一刀两断。小叶感到十分苦恼,她既不愿失去晓菲这个知己,又不愿让自己的工作无法开展。而晓菲也不好受:

你在为谁工作

"这么多年的交情了,竟让我这么难堪。"

其实,小叶与晓菲之所以闹得这么僵,就是因为她们没掂量清楚对方同自己到底是一种什么关系。

"君子之交淡如水",这句话用在同事间的关系上最适合不过了。因为公司毕竟是一个成员众多,又具竞争性的组织。平时一定要注意与同事之间应保持的礼貌和距离。无论什么职位的同事一律以礼相待,才是万无一失的作法。

赵欣很会处理同事之间的关系。她是2000年进入公司企划部的,那时候她还是一个充满了戒心和防备的大学毕业生。但她没想到后来可以工作得那么愉快,和公司的同事都成了朋友。公司里年轻人比较多,大家的想法和爱好也几乎一致,所以很容易沟通。他们给彼此起好玩的外号,加班时大家轮流请客,哪怕一起吃街边排档都觉得有滋有味。

大家在一起工作的时候,会彼此关心、照顾,病了的时候,总会有人送来一片药和一杯热水,心情不好的时候,总会有人问候,这种同事关系让赵欣非常满意。她从心底里感受着同事之间的这种情谊,充满感激。

不论和同事关系多么友好,赵欣绝对不和同事交流最隐私的心事。如果想倾吐,她会找家人或要好的同学。这样,她才能一直安心地工作,快乐地工作,并和同事融洽相处。

和同事只可以做朋友,最好不要做知己。你是个聪明人,应该知道距离的意义,一点距离,可以使你们恰如其分地成为朋友。这也是自我保护所必需的。

过去,年轻的异性同事发展成夫妻或情侣的几率很大,因为异性之间的吸引力比较大。而现代许多公司里,禁止员工之间谈恋爱,因为恋爱会影响个人的工作和发展,这道理大家都明白。但还要注意一点,年轻的女性一定要自重,千万不要在异性面前耍脾气。没有人会喜欢与这样的人长期共事。

宁晓与阿建的办公桌对着,彼此之间除了电脑背靠背以外,两人整天的所作所为都尽收眼底。

宁晓爱耍小性子,她自己都觉得不大对劲。如果男友哪天惹她不高兴,她就会把嘴噘上天,没个笑脸。同事们说她是瓷娃娃,碰不得,一碰就碎。有一次,男友说有事不能陪她共进晚餐,宁晓气得大叫:"你滚吧!"然后把手机使劲摔在办公桌上,惊得阿建一愣一愣的。

过了一会儿,阿建的邮件发了过来:宁晓,你的"河东狮吼"吓得我半天不敢动一动,我都不敢看你了。这么长时间以来,我一直享受着你的娇气:摔手机,是我帮你放好;你赌气不吃饭,是我帮你订餐;你相思流泪,是我哄你破涕为笑。如果我是你的男友,这一切我都认了,可我不是,我只是你对面受苦受难的兄弟。

宁晓看了看躲在电脑前面的阿建,不禁心生愧疚,阿建不是男友,没有义务承担自己的坏脾气。她马上回复阿建:受苦受难的兄弟啊,抬起你高贵的头吧,咱们都解放了,看看我的微笑吧。

从这次事件中,宁晓认识到了自己的错误,同事只是合作伙伴,不是情侣,自己的情绪要自己控制好,不要破坏同事关系。

职场,说白了就是社会的一个微缩版,是自然界中的一条生物链,你

你在为谁工作

说的每一句话,做的每一件事都有可能引发连锁反应。所以职场既有友情,也有敌意,凡事小心点,总没有错。如果把工作当生活,把同事当亲人,有什么事都在公司里唠唠叨叨地讲,在以后激烈的竞争中,你的鸡毛蒜皮的小事都会被揪出来,让你丧失竞争优势。而如果你把工作当战争,把同事当敌人,那你就会在公司里感到风声鹤唳、草木皆兵,你做什么事都得小心谨慎,唯恐别人说闲话。这样一来,你会感到疲惫不堪,同事们也会感到你不合群。只有你把工作与生活分开,生活中的情绪不带到工作场所中,工作中的不快也不带到生活场所中,划清同事关系、家庭关系、朋友关系和工作关系,才能适应这个时代。

人生寄语

对所有的人以诚相待,同多数人的和睦相处,和少数人常来常往,只跟一个人亲密无间。

——美国思想家 富兰克林

04　正确处理上下级的关系

你观察过小孩子玩游戏吗？不知你是否发现,当小孩子玩游戏时,老喜欢变更规则、界线、角色和游戏方式。大多数小孩子不喜欢受限制,不喜欢千篇一律,喜欢创新。但现实生活中,有些既定规则是我们必须遵守的。比如职场中,有一些工作规则,一旦违背,便是犯了职场的大忌,没有人会认同你。下面的这个事例也许会对你有所启发。

"坏了！坏了！"王经理放下电话,就叫了起来,"那家便宜的东西,根本不合规格,还是原来林经理公司出产的好。"他狠狠地拍了一下桌子,"可是,我怎么那么糊涂,写信把他臭骂一顿,那封信写得很不客气,这下

第七章 把自己当做团队中的一员

麻烦了!""是啊!"助理张小姐转身站起来:"我那时候也说要您先冷静冷静再写信,您不听啊!""都怪我在气头上,应该想到那家一定在骗我,要不然怎么会那样便宜。"王经理来回踱着步子,指了指电话:"把电话告诉我,我亲自打过去道歉!"

助理一笑,走到王经理桌前:"不用了!告诉您,那封信我根本没寄。""没寄?""对!"助理张小姐笑吟吟地说。"嗯……"王经理坐了下来,如释重负,停了半晌,又突然抬头:"可是我当时不是叫你立刻发出吗?""是啊!但我猜到您会后悔,所以压下了。"张小姐转过身、歪着头笑笑。

"压了三个礼拜?""对!您没想到吧?"张小姐很是得意地说。

"我是没想到。"王经理低下头去,翻看记事本:"可是,我记得那天是叫你发,你怎么能压着不发呢?那么最近发长沙、武汉几个客户的信,你也压了?"

"我没压。"张小姐姐脸色发亮,不无得意地说:"我知道什么该发,什么不该发……"

> 你做主,还是我做主?

"你做主,还是我做主?"没想到王经理居然猛地站起来,沉声问。张小姐呆住了,眼眶一下湿了,两行泪水滚落,颤抖着、哭着喊:"我,我做错了吗?""你说呢?"王经理斩钉截铁地说。事后,张小姐被记过处分。

167

你在为谁工作

老板永远是老板,自古以来,上级管下属,天经地义。既然你的角色是人家的职员,那么你就应该学得更聪明些,在职场中摆正自己的角色位置,在自己的职位上有节制地出力和做人。如果情况倒转过来,部属爬到上司头上发号施令,就有"以下犯上"的嫌疑了。

小冯是某出版社的办公室人员,一次,一位作家在他们社里出了一本书。按照规定,社里送了几本样书给作者,由于朋友较多,自己倒没有了,于是作家打电话找社里的朋友想再要几本,刚好电话是小冯接的。"麻烦你转告主编,我希望多要两本新书。"作家对她说。

"这个啊,没问题!您随时过来拿就成了。"小冯觉得这不是什么大事,就爽快地答应了。

后来作家从小冯那儿拿了书。没想到这件事被主编知道了,他非常不满,直接把小冯一顿训斥。事后,小冯想,主编他何必这么计较呢?她总结了一下,觉得自己做得确实有些不妥,既然作家找主编要书,过去也都是由主编跟他谈书稿出版一事,属下就该转告,而不该代他做主。其实送书不稀奇,小事一桩,但是如果人人能做主,那么,连公司产品的价值都被贬低了。

如果你发现自己已经越位了,并且还越权做了一件事,那么,你就应该想想自己该如何弥补过错。千万不要期望老板会忘记这件事。实践证明,这种侥幸心理要不得,因为纸是包不住火的,事情终有浮出水面的那一天。唯有提前琢磨化解的方法,才是上上策,下面这些方法你可以借鉴:

1. 在事情败露之前,私下里找老板承认错误,这么做的前提是,你确信你替老板做主的事是正确的,并为公司挽回了巨大的损失。你要委婉地向老板诉说,抑制住老板火气的爆发,让老板觉得你没执行他的安排是正确的,也许老板会被感化,饶恕你一次。你务必要保证"下不为例",让老板觉得你已深刻认识错误,而且不会再犯。

2. 事情已经暴露,老板正琢磨怎么处罚你,你赶紧利用这段宝贵的时间找老板坦诚地承认错误,没准老板会看在你认错态度好的情面上,减轻对你的处罚。如果你的行为深深激怒了老板,老板不开除你不足以发泄愤怒的话,你也就只好乖乖地走人。所以,千万要牢记永远不要越位。

老板毕竟是老板,作为下属,不管你和老板的职位有多少差距,你都必须牢记一条:你的工作是协助老板完成决策或执行决策,但绝不是替他制定决策;无论你代替老板决定的事情有多么细微,你都不能忽略"老板同意"这一关键步骤。

人生寄语

要想指挥他人,首先自己得是个容易被他人指挥的人,这正如要想得到他人的爱,必须首先得学会爱他人一样。

——日本作家 铃木健二

05 处理好和老板的关系

长久以来,不知道什么原因老板好像天生就是和员工对立的。不管你走到哪里,总是会碰到一些令你气结的上司或老板。他们的行径总是令人发指,"简直像魔鬼一样""毫无人性的冷血动物""欺下瞒上""作威作福""欺压弱小""心狠手辣"等这些负面评语,几乎都是冲着这些恶老板而来。

在办公室,最能左右你生存状态的一个人就是你的老板,如果你跟老板的关系不好,将可能影响到你的情绪、表现,甚至前途等。

你也知道,人在江湖,身不由己,这个世界上为了五斗米折腰的,绝不只你一人。不过,你心里始终很纳闷:这个世界好像没什么天理,为什么这些恶棍永远都存在,而像我这样的好人,为什么总是任人宰割?

你不必如此埋怨。你只需了解一个道理,自古以来,握有权力的一

你在为谁工作

方,经常被别人视为邪恶的化身,因为他们具有操纵与改变别人命运的能力。而那些与权力绝缘的人,总是自认为是受迫害的一方,不仅企图反抗,并且很容易把对方描述成十恶不赦的大坏蛋。相信你也同意,有些老板(或者上司)并不如你想象中的那么不堪,而是他们坐的位置让他们不得不如此,他们可能也是有苦说不出。

老板也是凡人,虽然很多知名大企业的老板几乎都是以脾气暴躁、性格阴沉闻名,但是他们照样把企业经营得有声有色,并没有人怀疑他们的人格是否出了问题。

譬如,日本西武集团的堤清二,就以"在重要会议上投掷烟灰缸"闻名。那位日本便利商店的总裁铃木敏文也经常对属下大声咆哮。日本大商社伊藤忠的老板濑岛龙三则以挑剔出名,部属呈上去的公文,他常常看也不看就往旁边一扔,厉声说道:"像这种报告,你还敢拿上来吗!"台塑集团的董事长王永庆,也以一丝不苟著称,常常在午餐会汇报时毫不留情地骂人,令属下对他十分畏惧。

就像做老板的总是习惯性地责难部属做事不够卖力,大多数的员工

也不自觉地用"高标准"来要求老板,认为既然身为老板,就应公正无私,绝不能犯错。但老板也有七情六欲,还要承担更多的压力,每天总有一些烦人的事破坏他的情绪:也许昨天刚刚和太太吵过架、税务人员来要查账、业绩不佳、董事会上被整肃,等等。在工作与生活上,老板和员工一样,不断地有难题需要解决。

有时候你并不是真的和老板有过节,只是彼此看不顺眼罢了。这时候你应该给老板机会,让他说明他对你的期望;或者要求他给你机会证明你不是菜鸟,或许还有回旋的空间。如果你继续戴着放大镜审视老板的差错,恐怕你们之间会更加没完没了,不但于事无补,你反而更不快乐。

肯尼迪总统有句名言:"不要问国家能为你做什么,而是问你能为国家做什么。"试试看把这句话用在你和老板身上,可能会有意想不到的效果。你可以采取的步骤如下:

1. 直接告诉他,你能为他做什么,让他清楚你的价值。
2. 不要对外批评,把挫折感与负面的想法放在心里。
3. 必要时坚持主张,但尽可能不带威胁老板的意味。
4. 提高自己的可见度,让其他的主管或者老板的老板看得到你。
5. 如非真有必要,千万不要越级报告,这是工作大忌。
6. 不要对老板说不敬的话。

这绝不是做作或者刻意讨好,而是一种积极思考的态度,把情况转为对你有利的方法。你必须记住:你不可能改变你的公司和老板。那么你就必须学会与老板和谐共处,像了解你的客户一样去了解他。这样,你才会得到老板的肯定与赏识。

在作家陆琪的《潜伏办公室第一季》一书中,有这样一段话:在职场中,你的权力有多大,你就有多重要。一个毫无权力的人只是大海中的鱼,只有鱼去适应海洋,而没有海洋适应鱼的。你要想生存,就只有适应上司,想要反着来,除非你能爬到上司头上去。

你在为谁工作

人生寄语

与人共事,要学吃亏。

——中国近代政治家 左宗棠

06 辩证地对待老板的批评

俗话说:"人非圣贤,孰能无过。"不管在工作中还是在生活中,谁都有犯错的时候。工作上偶尔的失误,很可能会遭到老板的指责,或遭遇领导的不公平对待。这时,我们要保持一颗平常心,辩证地对待老板的教训、指责。当老板批评我们时,应当认识到,只要老板的出发点是好的,是为了工作,为了大局,为了避免不良影响或以免造成更大的损失,为了帮助你、挽救你,哪怕是态度生硬一些,言辞过激一些,方式欠妥一些,我们也要适当地给予理解和体谅。不去冷静反思、检讨自己的错误,而是一味纠缠于领导的批评方式是否对头,甚至当面顶撞,只会激化矛盾,更加有损于自己的形象。

周海从最基层做起,一步一步升上来,最后成为一家建筑公司的工程估价部主任,专门估算各项工程所需的价款。有一次,他的一项结算被一个核算员发现估算错了3万元,老板便把他找来,指出他算错的地方,请他拿回去更正,并希望他以后在工作中细心一点。

没想到周海既不肯认错,也不愿接受批评,反而大发牢骚,说那个核算员没有权力复核自己的估算,没有权力越级报告。

老板见他既不肯接受批评,又认识不到自己的错误,本想发作一番,但想到他平时工作成绩不错,就原谅了他,只是叫他以后要注意。

不久,周海又有一个估算项目被他的老板查出了错误。老板把他找来,准备和他谈谈这件事,可刚一开口,周海就很生气,认为是老板故意和他过不去:"不用多说了。我知道你还把上次那件事记在心上,现在特地请了专家查我的错误,借机报复。但这次我肯定没错。"

老板根本没想到周海死不认错,还随便怀疑自己,便让周海自己去请别的专家来帮他核算一下。

周海请别的专家核算后才发现自己确实错了。

老板对周海说:"现在我只好请你另谋高就了,我们不能让一个不许别人指出他的错误、不肯接受别人批评的人做这么重要的工作,以免损害我们公司的利益。"

每个人都喜欢听赞美的话,大多数人都不喜欢被批评,尤其是被当众批评。有的人一听到批评就面红耳赤,忐忑不安;有的人暴跳如雷,恼羞成怒;有的人咬牙切齿,仇恨满胸;有的人虚心接受,就是不改;有的人表面接受,心里怨恨,寻衅回击。这些负面回应批评的态度,是极不明智的表现。负面回应批评反映了一个人不良的做事态度,会严重影响他的人际关系和自我提升能力。

穿行在职场,出差错、受领导批评是难免的。做错了事挨批评挨骂或许所有的人都经历过。但是有些时候,突然无缘无故地被老板批一顿,又该如何对待呢?奋起抗争与之对着干,还是"打掉门牙往

你在为谁工作

肚子里咽"?

张扬是一家公司的保卫科副科长。他工作扎实,尽心尽力,受到公司同仁的一致称赞。有一天早晨,他刚走进公司大门,便被老板叫到了办公室。接下来就是一顿骂:"张科长,你们保卫科是干什么的?昨天晚上安排了几个人值班?值班时都在干什么?你也有不可推卸的责任,这个月的奖金扣除。"

张扬被这顿突如其来的批评搞得莫名其妙,心里不明白到底发生了什么事,况且昨天自己休息,由科长带的班,有事也怪不到自己头上。老板正在气头上,张扬没法直接问清原因,带着一肚子的委屈和不满,走出了老板的办公室。

到值班室后,他才搞清楚了事情的起因。原来,昨天晚上几个盗贼潜进公司财务科,盗走了一笔货款,老板生气就是因这件事情。这件事跟张扬一点关系都没有,无缘无故地被骂,还要扣除当月奖金,实在是让张扬想不通,这简直没有任何道理,况且自己平时工作那么认真,为了公司的安全付出了很大的心血。老板却这样处罚自己,实在觉得委屈。他想找老板理论,讨个说法。转念又想:"人在屋檐下,怎能不低头?如果为了这点事和老板发生争吵,破坏了自己的形象实在有些不合算。为了长远打算,只有忍一忍,权且当一次替罪羊吧。"

发生这件事后,张扬没有把自己的情绪带进工作中,依然兢兢业业,任劳任怨。见了老板依然彬彬有礼,好像什么也没发生过。

后来,公安局破获了那天晚上的盗窃案,保卫科长因涉嫌此案被依法逮捕了。老板对保卫科人员进行调整,张扬被任命为保卫科科长,负责全公司的安全保卫工作。这就是"打掉门牙往肚子里咽"的好处。试想,如果张扬在受到老板误解以后,找老板理论或一气之下一走了之,那如今又怎能做到保卫科科长的位置上呢?

在和老板相处的时候,要学会"韬光养晦",学会把自己的委屈和痛苦隐藏起来,不但要能接受老板的各种批评,还要能够承受被误解、被错怪、被无端训斥所带来的痛苦。只有这样,才能保住你的职位,使老板不讨厌、不排斥你。古人云"忠言逆耳利于行",只有这样,我们才会使自己的内心强大起来,才能让自己不断进步,跟上时代发展的脚步。

人生寄语

批评比赞美更安全。

——美国作家 爱默生

第八章

努力付出,终会得到回报

　　一份工作,不仅是为了养家糊口,更是一个关于生命意义的事情。当你拥有一份工作的时候,你正在体现你生命的价值;当你做好一份工作的时候,你正在使你的生命价值提升。只有懂得工作是为自己的人,才会懂得这样一个道理:努力工作是提高自己能力的唯一方法,努力就一定会有回报。

你在为谁工作

01　在工作中实现自己的价值

德国思想家马克斯·韦伯认为,有的人之所以愿意为工作献身,是因为他们有一种"天职感"。他们相信自己所从事的工作,即使是再平凡的工作,也会从中获得某种人生价值。大凡富有事业感的人,他们通过工作所获得的,不仅仅是物质、荣誉等外在的报偿,更重要的是获得了内心的满足感,并在工作中实现了自我价值。

下岗工人吕清生活坎坷却不坠青云之志,利用一技之长,连续5年义务为外语爱好者和子弟兵教授外语,受到市民和武警官兵的欢迎和称赞。

吕清通过多年刻苦自学,掌握了英、日、德、法四国语言。1998年从公司下岗后,他没有气馁,不等、不靠,不给企业、政府添麻烦,以自己所掌握的外语知识服务于社会。他自愿当了一名教授英语、日语的志愿者,每周六、周日上午在公园办起了英语角、日语角,吸引了许多外语爱好者和求学者。

2002年4月,他接受当地武警总队的邀请,给武警官兵教授英语。从此,他把义务服务的范围扩展到绿色警营,他的身影不时出现在当地武警各营区的讲台前、学习室。

为了调动大家的学习积极性,他注重活跃课堂气氛,力求讲得活泼、生动、有趣。他通过在每个班培养两三个优秀学生作为"小教师",带动全体官兵学习,台上台下互动,授课效果非常明显。以前有些英语基础差的官兵,现在也能张口说英语了。

吕清的家住在郊区,到部队一趟来回乘车就要两三个小时,但他总是风雨无阻,从不延误上课时间。每次来授课,他怕口渴就自带水。部队领导过意不去，要给他授课费，可他硬是不收。2002年9月，他生病住院，可他依然带病准时赶到部队上课。2003年初，他的母亲病重住院。他本应留下来照顾一下病重的母亲，可又放心不下战士们，母亲理解儿子的心情，劝慰他："你去吧，不用管我。"后来，母亲去世了。可他就在母亲病逝的第二天，强忍悲痛仍然按时来到部队为官兵上课，此情此景，令官兵们感动不已。

2005年7月初，吕清为使武警某支队干部子女度过一个愉快而有意义的暑假，每周四下午开办暑期英语沙龙，教他们学趣味英语。

有人问他，你如此坚持不懈地为部队官兵义务授课，图的是啥？他说："为部队官兵服务是每个公民应尽的责任，在部队这个舞台上，我实现了自己的人生价值。"

同年9月，在武警部队领导和当地政府的关心下，吕清还以自己名字的命名注册了外文教育咨询有限公司。他希望把一个人的力量汇成众人的力量，把一个人的事业做成多数人的事业，让更多的志愿者为官兵服务。

你在为谁工作

吕清虽然下岗了，没有了工作。可他依然为自己寻找工作，他认为人生的价值就在于工作，在工作中得到别人的认可，才能实现自己的价值。

工作对于上班族来说，既是生存的需要，也是体现自身价值的途径。只有做得比别人更好，才能体现自身的价值。

汤姆和杰克在同一家大型超市，两个人都同样勤奋地工作，拿着同样的薪水。可不久以后，情况就发生了变化。汤姆受到老板的重用，担任了更重要的工作，而杰克仍在原地踏步。

杰克感到非常失望。终于有一天，他再也忍不下去了，质问老板："我和汤姆一样地辛勤工作，为什么他得到提升，而我却没有什么变化呢？"

老板耐心听完了他的怨言，微微地笑着。

"杰克，"老板说话了，"你去集市一趟，看看今天早上有什么卖的东西。"杰克从集市上回来向老板汇报说："今早集市上只有一个农民拉了一车土豆在卖。"

"有多少？"老板问。

杰克赶快戴上帽子又跑到集市上，然后回来告诉老板说一共有 30 袋土豆。

"价格是多少？"

杰克第三次跑到集市上问了价格。

"好吧，"老板对他说，"现在请你坐在椅子上别说话，看看汤姆怎么说。"

接着老板又让汤姆去做同样的事情，汤姆很快就从集市上回来了，向老板汇报说，到现在为止只有一个农民在卖土豆，一共 30 袋，价格是多少，土豆质量很不错，他带回来几个让老板看看。这个农民一个钟头以后还会运来几箱西红柿，据他看价格非常公道。昨天他们铺子的西红柿卖得很快，库存已经不多了。他想这么便宜的价格，老板肯定会要进一些的，所以他不仅带回了几个西红柿做样品，而且把那个农民也带来了，他现在正在外面等着回话呢。

此时，老板转向杰克，说："现在你知道为什么汤姆的薪水比你高了吧？"

杰克忠实地执行老板的命令，毫无怨言地跑了三次。而汤姆好像没有杰克勤快，他只跑了一趟，但得到的结果不一样，效率也就不一样了。

毫无疑问，汤姆比杰克的工作效率要高得多。得到升迁也就在情理之中了。对于老板而言，只有那些能准确掌握自己的指令，并主动加上本身的智慧和才干，把指令内容做得比预期还要好的人，才是他们真正要用的人。

每一个岗位，每一份工作都是实现人生价值的舞台。积极进取、充满热情、全力以赴，当我们死心塌地地热爱我们所做的工作时，才能让自己在工作中最大限度地发挥自己的潜能，从中学到更多的知识，积累更多的经验，找到更多的乐趣，获得最大的成就感，实现自己的人生价值。

人生寄语

人的尊贵，不靠地位，不由出身，只看你自己的成就。我们不妨再加一句："是什么料，充什么用。"假如是一个萝卜，就力求做个水多肉脆的好萝卜；假如是棵白菜，就力求做一棵糙糙实实的包心好白菜。

—— 中国当代作家 杨绛

02 多做一些工作，不计报酬又何妨

在职场上,可能很多人会遇到这样的情况:离下班还有 10 分钟,上司却交代了一大堆工作;手头的工作没做完,突然同事又让你替他分担一些工作。眼看着就要"解放"了,却又要被迫多做一些工作,这的确是一件非常痛苦的事。

也许你开始还心存一丝侥幸,上司安排你额外工作,可能会发给你一笔数目可观的加班费,甚至为你加薪;而同事则会给你一些物质上的回报。但事实是,谁都没有表示,仿佛这件事跟报酬根本没有关系。

这个时候,你该说"Yes",还是"No"呢?

也许你想鼓足勇气问上司和同事,做这些额外的工作究竟有没有报酬? 报酬是多少? 靠什么来体现? 如果你真这样做,你就大错特错了。很可能你还没有问完,你的上司和同事就不理你了,你甚至还会遭到上司及同事的白眼。

无数成功人士会告诉你:只要你还有精力,就把工作接下来,并努力去做好它。

柯兰晋升为公司策划部主管后,干劲大增,领导着几位手下出色地完成了各种工作,受到了策划部王经理的表扬。柯兰正得意着呢,王经理又开始给她安排一些工作,她发现,这些工作属于另外两个部门的工作范畴,尽管自己部门的工作已安排得很满了,但她还是毫不犹豫地接了过来。

柯兰当时是这样想的:王经理这样安排,肯定有他的道理,一是另外两个部门工作很忙,没有精力再接新的工作,二是王经理认为自己的部门还有精力完成这些工作,三是王经理故意给自己的部门加压,考验自己的能力,看看自己有多少潜力可挖。既然这样,自己就不该推辞。

柯兰分析了一下目前的工作及刚接手的工作,认为只要统筹安排,再加快一点工作进度,两项工作是不会发生冲突并能够按时完成的。工作安排下去之后,手下都有些不满,但谁也没有说出来,尽管不情愿,还是按时完成了工作。

没想到,王经理仿佛认为这是天经地义理所当然一般,又不断地给这个部门安排额外任务。

这时,舒心和文清坐不住了,找柯兰诉苦水。舒心说:"柯兰姐,我们怎么成了冤大头了?王经理只给我们安排额外工作,一分钱的加班费也不给,那两个部门的人都幸灾乐祸呢。"文清接着说:"他们还说我们越俎代庖,还讥笑我们是救世主呢。"

柯兰微微一笑,其实这些她都觉察到了。她问舒心和文清:"你们多做这些工作,有没有影响原来的工作?有没有加班的情形呢?"

舒心和文清互相看了看,齐声说:"还好。"

柯兰继续问:"你们做这些工作,是不是增加了其他工作技能?是不是让自己对整个策划部的运作更清楚了?"

舒心和文清想了想,回答道:"倒真是增进了不少。"

"那我们还有什么可抱怨的呢。表面上看来,我们策划部是吃了一些

你在为谁工作

亏,但从长远来看,我们都通过这些额外的工作提高了自身技能,而这些技能是花钱都买不到的。"舒心和文清都点头表示理解。实际上,柯兰早就找王经理反映情况了。原来,王经理对另外两个部门的表现一直很不满意,多次要求两位主管要多付出心力提升表现。但两位主管对新科技的运用一直还是有排斥心理,进步的程度达不到应有水准。为了使整个部门达到公司设定的工作目标,王经理只好要求较为积极的柯兰这个部门多担待些。对于另外两个部门的反映,王经理让柯兰保持低调,对他们的调侃尽量别放在心上。

一年后,公司将策划部的王经理调到分公司任经理。王经理向公司高层领导大力推荐柯兰接管策划部经理的职位。

公司高层领导一致问王经理为什么。王经理说,虽然柯兰的资历没有另两位主管深,但她的实际工作经验已经足以管理整个策划部的例行事务。另外,据他观察,柯兰开放的心胸和低调的处世风格,应该可以让原有各部门人员不致受到威胁排挤,部门业务可以顺利进行。

公司高层领导采纳了王经理的建议,于是柯兰被提拔为策划部经理。那两个部门的人,特别是两位主管,再也笑不起来了。

不计报酬地多做一些工作,不但不会吃亏,反而会有更大的收获。因为,看起来你无偿付出了劳动,实际上你获得的更多,既提高了技能,又赢得了上司的青睐,当有晋升的机会出现时,你往往成为首选。记住:有付出终会有回报的,吃亏未必不是福啊。

当然,如果你手头的工作确实很忙,实在拿不出时间做公司安排的额外工作或者帮同事的忙,你就如实回答,有技巧地拒绝。你可试着按下面几点做:

1. 态度一定要真诚。不要满脸不屑,或者言词强硬,让对方觉得你故意拒绝。

2. 耐心地向对方说明自己手头上的工作情况,让对方判断出你确实不能再接手其他工作了。

3. 你可以说:"我非常愿意帮你的忙,可是……"或者:"我非常想完成更多的工作,然而……"而不是:"你没看见我都忙成啥样了?"或者:"小王正闲着,找他去。"

在当今这个发展迅速的社会,知识的更新显得越来越重要。知识社会强调的是"全脑性的思考",每个人必须具备整合、归纳、分类、搜集材料、分辨事实和分析问题的能力,学位并不能再保证你的工作机会。美国趋势专家里察·克劳福说:"知识与科技的发展一日千里,知识工作者要使自己成为有效率的人才,唯一的方法就是必须终其一生不断地学习。"

丹尼斯就是一个不放过任何机会学习以提升自己的人。不过丹尼斯的学习方法有些特别,他喜欢通过学做一些分外的工作,在工作中获得能力的提升。

丹尼斯刚进公司时,还是一个不起眼的无名小卒,但很快他就引起了老板的注意。因为丹尼斯总是在忙完自己分内的工作后,不断地为他人提供服务或帮助,不管那个人是他的同事还是上司。而一旦被要求提供帮助,丹尼斯总是把它当成自己的工作来做,任劳任怨,不计报酬。渐渐地,老板时常找丹尼斯帮他一个小忙或分担一些重要工作。原因很简单,因为只有丹尼斯是整个办公室里唯一能在工作之余随时等候别人召唤的人,只要对方愿意,他总会尽心尽力地为他们服务。

丹尼斯不断地去做分外的事,并没有获得额外的报酬,但他的工作能力却得到了不断的提高,在公司里崭露头角,当他荣获晋升的机会时,他的同事都心服口服。

多做分外事,得到更多的锻炼机会,可以提升自己的技能。这正如我们上学时,你学习好,可能你的学校、你的班级、你的老师也获得荣誉。但好好想想,你学到的东西最终存在于谁的脑袋里,还是贮存在自己的脑袋里。所以说,做分外的事是一件保赚不赔的事情。

你在为谁工作

人生寄语

你要记住，永远要愉快地多给别人，少从别人那里拿去。

——苏联作家　高尔基

03　做自己分外的事情，会受到机遇的垂青

把自己分内的工作做好、做精是身为员工的一个核心竞争力，那是不是说我们只要把自己的本职工作做到位就万事大吉了呢？是不是告诫我们要对自己工作职责范围之外的其他事采取"事不关己，高高挂起"的漠然态度呢？当然不是。

阿穆耳肥料工厂的厂长马克道厄尔之所以由一个速记员而不断晋升，是因为他能做自己分外的工作。他最初是在一个懒惰的书记手下做事，那书记总是把事推到手下职员的身上。书记觉得马克道厄尔是一个可以任意驱使的人，有一次，他让他替自己编一本阿穆耳先生前往欧洲时用的密码电报书。那个书记的懒惰使马克道厄尔拥有了做事的机会。

马克道厄尔不像一般人编电码一样，随意简单地编几张纸，而是编成一本小小的书，用打字机很清楚地打出来，然后仔细地用胶装订好。做好之后，那书记便交给阿穆耳先生。

"这大概不是你做的。"阿穆耳先生问。

"不……是……"那书记官战栗着回答。

"你叫他到我这里来。"

马克道厄尔到办公室来了，阿穆耳说："小伙子，你怎么把我的电报书做成这样子的呢？"

"我想这样你用起来方便些。"

过了几天，马克道厄尔便坐在阿穆尔的办公室前面办公室的一张写字台前，再过一些时候，他便代替以前那个懒惰的书记的职位了。

下面我们再来结识一下著名的房地产经纪人戴约瑟。

戴约瑟最初是因为自愿替一个同事做一笔生意，而升为一个售货员。14岁的时候，戴约瑟只是一个听差的小孩，他觉得要做一个售货员是一件不可能的事，虽然这是他梦寐以求的事。有一天下午，芝加哥来了一个大主顾。

这天正是7月3日，这位主顾必须于7月5日动身前往欧洲，但他在动身之前需要订一批货。这要等到第二天才能办好，但第二天正是美国国庆日，当然是放假的日子，不过店家答应第二天有一个店员来照料。

普通订货的手续是主顾先把各色货样看过，然后选定他所想要的货。售货员再把所订的一卷一卷的货单拿出来检查一遍。但是这次，让一个年轻的店员利用假日来取货，该青年推托说，他的父亲非常爱国，绝不肯让他把国庆日这样卖掉了。这当然是一种推托之词，他真正的原因是想看球赛。戴约瑟告诉那个店员说，他愿意代替他做，结果好运一步步地向

187

他走近。

到 17 岁的时候,戴约瑟成为一个售货员。

其实无论我们做什么,都是在为将来做准备。在工作中,绝大多数人只是在做自己的本职工作,因为这是分内的事,很少有人愿意去做分外的工作。殊不知,做分外的工作常常会获得机遇的垂青,因为机遇偏爱那些勤奋的人。

人生寄语

幸运之神的降临,往往只是因为你多看了一眼,多想了一下,多走了一步。

——佚名

04　每天多做一点点

拿破仑·希尔告诉我们,进取心是一种极为难得的美德,它能驱使一个人在不被吩咐应该去做什么事之前,就能主动地去做应该做的事。也就是说,我们在完成本职工作后,每天再多做一点点。

有一位懒惰成性的乡绅,拥有一块有自主所有权的地产,每年他可以坐收 500 美元的地租。后来,由于无力还债,他把一半地产卖掉了,剩下的一半地产租给一位勤劳的农民,租期为 20 年。契约到期的时候,这位农民去交付租金,他问这位乡绅是否愿意把这块土地出卖。这位乡绅感到十分吃惊,他说:"是你想买吗?"

"是的,如果我们能讲好价,我就买了。"

"这真是太不可思议了。"这位绅士仔细打量着眼前这位农民,说:"天啊,请你告诉我这是怎么回事。我不用交租金,靠两块这样大的土地也不能养活自己,而你每年都要交付给我 200 美元的租金,这些年下来,你竟然还买得起这块土地。""道理很简单,"这位农民回答,"你整天在家里坐享其成,却不知坐吃山空;而我日出而作,日落而息,任何劳动都会得到回报的。"

同理,两个背景一样、能力相仿的员工在一起工作,一个勤奋主动、热情进取,像一个上满发条的钟表一样为公司工作;另一个却总拖三拉四、散漫懒惰,像只泄了气的皮球一样见工作就躲。如果你是老板,会做什么样的选择呢?很明显,你一定会选择前者。其实,老板心目中最理想的员工,不是最聪明、最能干的员工,而是最愿意主动付出,总是多做一点点的员工。

老板们从来也没有像今天这样如此看重一位愿意主动付出,多做一点点的员工,并给予他们如此多的机会。不论哪个行业,都非常敬重每时每刻都多做一点点的员工。

许多员工常常抱怨,自己竟然没有能力让自己和家人衣食无忧。而优秀的员工却说:"我也许没有什么特别的才能,但我能够拼命干活以挣取面包。"

多做一点点也许是微不足道的,但是,就是这些微不足道的一点点,会让你的工作结果发生巨大的变化。尽职尽责地完成自己工作的人,只能是一名合格的员工。如果每天多做一点点,你就有可能变成一名优秀的员工,让你的老板对你刮目相看。

"每天多做一点点"会使你从你的同事中脱颖而出。那么,你的上司会欣赏你、信赖你,从而给你更多的机会。

在商业界、在艺术界、在体育界、在所有的领域,那些最知名的、最出类拔萃者与其他人的区别在哪里呢?回答就是——每天多做一点点。

"每天多做一点点"实际上是很容易做到的,比领导要求的上班时间早到一些,利用这点儿时间把这一天要做的工作做个计划,这样不至于让一天过得混乱;主动地对待工作,不要等着领导追问时才想到工作还没有做完;如果能迟一点回家,那么就利用下班的时间把一天的工作梳理一

你在为谁工作

下，看看哪些还没完成，需不需要加班，今天哪些工作完成得比较漂亮，哪些做得不够好，哪些需要改进，然后为自己今天的努力奖励自己一下。

在奥运会赛场上，冠军与亚军冲过终点线的时间差也许只有千分之一秒，但却产生了巨大的差别，人们会记住冠军的名字，而很少有人关注获得亚军和季军的运动员。千分之一秒的差距导致了冠军与亚军的天壤之别，工作中亦是同理。有人做过调查发现，事业成功的人与平庸的人付出的努力其实相差很小，就多出了"一点点"的距离，但其结果却大相径庭。真可谓差之毫厘，谬之千里。

作为职场中的一员，只要在工作中多那么一点点的努力就可能得到更好的结果。每时每刻让自己"多做一点点"，你甚至可以得到千倍万倍的回报。珍妮就是这样的一名员工。

珍妮是一家公司的打字员。一个周五的下午，一位部门经理走过来问她，哪里能找到一位打字员，他必须马上找到一位打字员，否则没法完成当天的工作。

不巧的是，公司所有的打字员都已经度周末去了，3分钟后，珍妮也将离开，但珍妮没有丝毫犹豫就留了下来，她主动帮助这位经理完成了工作。

事后，经理问珍妮要多少加班费。珍妮开玩笑地说："本来不要加班费的，但你耽误了我看演唱会，那可值300美金呢，你就付我300美金吧。"

这件事情很快就这样过去了，珍妮丝毫没有放在心上。

三个星期后，珍妮接到了一个信封，是那位经理让人送过来的。里面除了300美金，还有一封邀请函，经理请珍妮做自己的助理。经理在信中表示："一个宁可放弃看演唱会的机会而工作的人，应该得到更重要的工作。"

珍妮只是主动为那位经理多做了一点点事情，这位经理并没有特权要求珍妮放弃休息来帮助自己，但珍妮却这样做了，不仅得到了300美元，还使自己得到了一个更好的职位。

第八章 努力付出,终会得到回报

"每天多做一点点",这是每一个员工都能做到的,关键是看你是否主动地去做。工作中有许多地方都要我们多做一点点,大到自己的工作态度,小到接听一个电话、送一封信件。只要能多做一点点,你将会得到意想不到的回报。

如果你是一名发货员,也许会在发货单上发现一个与自己毫无干系的错误;如果你是一名送信员,你也许会在公司的信函上发现一个印刷错误;如果你是一名打字员,你也许可以像珍妮一样做一些自己职责以外的事情……这些也许不是你职责范围内的事情,但是如果你多做了一点点,你就会离成功更近一些。

"每天多做一点点"不仅是要我们多做一点努力,更重要的是要把自己分内的事做得更完美。每个人所做的工作,都是由一件件小事构成的,但不能因为这些事小而敷衍了事,而应该在完成任务的基础上,再多做上一点点,争取做得更完美。

"每天多做一点点",不是语言上的空洞表白,而是要具体落实在行动上。如果我们每天都能坚持这样做,那么我们会有怎样的进步呢?不要以为一点点的努力老板看不到,其实,老板每时每刻都在我们的身后,对我们的每一点进步都心知肚明。不过,更重要的,我们是从这一点点中

你在为谁工作

获得了经验的积累和知识的补充。这是人生最重要的财富。

没有一点点的电火花就没有震耳惊雷；没有一点点的溪流，就没有浩瀚壮阔的大海。只有每天多做一点点，才会有丰厚的积累，最终获得回报。

人生寄语

多做一点点也许是微不足道的，但是，就是这些微不足道的一点点，就会让你的工作结果发生巨大的变化。

——美国作家　阿尔伯特

05　别把眼睛总盯在钱上

随着现代社会的不断发展，人们对生活水平的要求不断提高。在现实生活中，我们不得不承认，金钱不是万能的，但没有金钱却又是万万不能的。工作挣钱，似乎很有道理。但时时处处都把眼睛盯在钱上，往往被短期利益蒙蔽了心志，使我们看不清未来发展的道路，结果使得我们即使日后奋起直追、振作努力，也无法超越。

工作给你的，要比你为它付出的更多。如果你将工作视为一种积极的经验的学习，那么，每一项工作中都包含着许多个人成长的机会。

那些经常把钱挂在嘴边的人，往往因为薪水低而对工作敷衍了事，不仅对企业是一种损害，长此以往，也会使自己的生命枯萎，将自己的希望断送，一生只能做一个庸庸碌碌、心胸狭隘的懦夫。他们消磨了自己的才能，湮灭了自己的创造力。

面对微薄的薪水，你应当懂得，雇主支付给你的工作报酬固然是金钱，但你在工作中得到报酬乃是珍贵的经验、良好的训练、才能的表现和

第八章 努力付出，终会得到回报

品格的建立。这些东西与金钱相比，其价值要高出千万倍。

在工作中，不应该过分考虑薪水的多少，而应该注意工作本身带给自己的报酬。譬如发展自己的技能，增加自己的社会经验，提升个人的人格魅力……与这些相比，工资的多少就显得不那么重要了。老板支付给你的是金钱，而你在工作中得到的却是可以令你终身受益的黄金，所以说，工作本身就是一种报酬。

能力比金钱更重要，因为它不会遗失，也不会被偷走。观察并研究一下那些成功人士，你就会发现他们并非始终高居事业的顶峰。在他们的一生中，曾多次攀上顶峰又坠落谷底，虽起伏跌宕，但是有一种东西永远伴随着他们，那就是能力。能力可以帮助他们重返巅峰，俯瞰人生。

人们都羡慕那些杰出人士所具有的创造能力、决策能力以及敏锐的洞察力。其实，他们也并非一开始就拥有这种天赋，而是在长期的工作中积累和学习到的。在工作中他们学会了发现自我、了解自我，使自己的潜力得到充分的发挥。

不要把眼睛盯在钱上，工作给予你的要比你为它付出的更多。如果你一直努力工作，一直在进步，你就会有一个良好的人生记录，使你在公司甚至整个行业拥有一个好名声，良好的声誉陪伴着你，机遇也会随时降临。

有许多人上班时总喜欢"忙里偷闲"，他们要么上班迟到、早退，要么在办公室与人闲聊，要么借出差之名游山玩水……这些人也许并没有因此被开除或扣减工资，但他们的表现，同事、老板都看在眼里，也就很难有晋升的机会。如果他们想转换门庭，一段时间以后，也还会是老样子。

一个人如果总是为自己到底能拿多少工资而斤斤计较，他又怎么能看到工资背后所获得的那些成长的机会呢？他又怎么能意识到从工作中获得的技能和经验对自己的未来将会产生多么大的影响呢？这样的人只会无形中将自己困在装着工资的信封里，永远也不懂自己真正需要什么。

柯受良成名之前只是台湾一个爱飙车的城市青年，为了养家糊口，他

193

你在为谁工作

开始从香港电影的最底层——特技做起。当时香港电影界并不特别重视特技,但因是自己的爱好,柯受良也不计较报酬。直到 1981 年黄百鸣的公司筹拍曾志伟导演,张艾嘉、许冠杰、麦嘉主演的电影《最佳拍档》,片中需要一个特技动作,即从一幢商业大厦的三楼破窗而出。好莱坞的特技师开价是 100 万港币。黄百鸣那时的资金根本不够,曾志伟就说:"等着,我给你们找个哥们来!"大家由此认识了柯受良。柯受良二话不说,也不用任何替身,自己驾着摩托车从一幢商业大厦的三楼破窗而出。这一被当时众多外籍特技演员视为绝不可能完成的特技动作,却被他漂亮地完成,柯受良从此名声大噪。

现代职场中,许多职场新人最关心的常常不是工作,而是报酬。在这些人看来,工资是自己身价的标志,低了绝对不行。如果发现自己的薪酬比别的同事低,就会觉得心里不平衡。于是在工作中消极应付,做事三心二意,敷衍了事。嘴上还振振有词,"少拿少干,多拿多干,""拿多少钱干多少活"。

这类人在现代职场中并不少见,殊不知,当脑子里被这种想法充满时,就等于为自己的职场生涯画上了休止符。

卡罗·道恩斯原来是一名普通的银行职员,后来受聘于一家汽车公司。工作 6 个月之后,他想试试是否有提升的机会,于是就直接写信向老板杜兰特毛遂自荐。老板给他的答复是:"任命你负责监督新厂机器设备的安装工作,但不保证加薪。"道恩斯并没有受过任何工程方面的训练,根本看不懂图纸。但是,他不愿意放弃任何机会。他发挥自己的领导才能,自己花钱找到一些专业技术人员完成了安装工作,并且提前了一个星期,结果,他不仅获得了提升,薪水也增加了 10 倍。

"我知道你看不懂图纸,"老板后来对他说,"如果你随便找一个理由推掉这项工作,我可能会让你走。"成为千万富翁的道恩斯退休后担任南方政府联盟的顾问,年薪只有象征性的 1 美元,但是他仍然兢兢业业地对待这份工作,"不把眼睛盯在钱上"已经成为他工作的一种习惯。

如果你是老板,一定会希望员工能和自己一样,将公司的事当成自己

的事,在工作上更加努力,更加勤奋,更加积极主动。以老板的心态对待工作,就会成为一个值得信赖的人、一个老板乐于雇用的人、一个可能成为老板得力助手的人。一个将公司视为己有并尽职尽责完成工作的人,终将会拥有自己的事业。

在今天这种高度竞争的经济环境下,你可能感慨自己的付出与受到的肯定或获得的报酬并不成比,但是,我们要相信大多数老板都是明智的,都希望富有才干的员工能够长久地为自己服务,他们会根据每个人的努力程度和业绩为他们晋升、加薪。那些在工作中能尽职尽责,坚持不懈的人,终会有获得晋升的一天,薪水自然会随之提高。

我们千万不要看低那些职位低下、薪水微薄的人,不知哪一天他们就会提升到显要的位置上。因为他们拿着微薄的薪水时,没有放弃努力,始终保持一种尽善尽美的工作态度,满怀希望和热情地朝着自己的目标努力,因而获得了丰富的经验,这正是他们晋升的真正原因。

我们在事业的一开始就该明白,做任何事必须遵循一项原则,这就是:不要在乎薪水的多少,要尽力把事情做到最好。

你在为谁工作

人生寄语

人类百分之七十的烦恼都跟金钱有关,而人们在处理金钱时,却往往意外的盲目。

——美国成功学大师　卡耐基

06　不计报酬,报酬会更多

如果你只是从事你报酬分内的工作,那么你将无法争取到人们对你的有利的评价。但是,当你愿意从事超过你报酬价值的工作时,你的行动将会促使你获得与你的工作有关的所有人对你做出良好的赞誉,将增加人们对你的服务的要求。也就是说,你要努力地工作,不要总想着回报,任何一个公司都不可能把工作让给那些只想索取不想付出的人去做。如果你一直付出不计回报,最终你会收获的更多。

卡洛·道尼斯先生最初给汽车制造商杜兰特工作时,只是担任很低的职务。但他后来成为杜兰特先生的左右手,而且也是杜兰特手下一家汽车经销公司的总裁。他之所以能够升到这样高的职位,是因为他提供了比他所获得的报酬更多及更好的服务。

成功学大师拿破仑·希尔前去访问道尼斯先生时,询问他是怎样如此迅速地获得晋升的,他以短短的一段话,道出了整个过程。

"当我刚去替杜兰特先生工作时,我注意到,每天下班后,所有的人都回家了,但杜兰特先生仍然留在办公室内,而且一直待到很晚。因此,我也决定在下班后留在办公室内。没有人请我留下来,但我认为,应该留下来,必要时可对杜兰特先生提供任何他所需的协助。因为他经常在寻找某个人替他把某公文拿来,或是替他做个重要任务,这时他随时都会发现,我正在那儿等待替他提供任何服务。他后来就养成了呼叫我的习惯。

第八章 努力付出，终会得到回报

这就是整个事情的经过。"

杜兰特先生为什么会养成呼叫道尼斯先生的习惯？因为道尼斯自动地留在办公室，使杜兰特先生随时可以看到他，让他为杜兰特先生提供服务。他这样做，获得了报酬吗？是的，他所获得的报酬是获得一个很好的机会，使他自己获得了某个人注意，而这个人就是老板，有提升他的绝对权力。

有无数个原因可以解释你为什么应该养成"任劳任怨、不计酬劳"的习惯。其中有两个原因是最主要的。

第一，你在赢得了"任劳任怨、不计酬劳"的好名声之后，将获得好处。因为和你四周那些未提供这种服务的人比较起来，你们之间的差别将十分明显，因此，不管你所从事的是什么行业，将有很多人指名要接受你的服务。

第二，到目前为止，这是你为什么应该"任劳任怨、不计酬劳"的最重要原因。也许可以这么说，假设你想要把你的右臂锻炼得十分强壮，那么，你知道唯有利用它来做最辛苦的工作。若你不去使用你的右臂，让它长期休养，那么它会变得虚弱而萎缩。

身处困境，奋斗能够产生力量，这是大自然永恒不变的一项法则。如果你做的工作比你所获得的报酬更多、更好，那么，你不仅表现了你的乐于提供服务的美德，也因此发展了一种不寻常的技巧与能力，你将对你的工作胜任并愉快，最后将产生足够的力量，使自己摆脱任何不利的生活环境。

拿破仑·希尔生平所获得的一次最有利的晋升，是由一件小事促成的。那是在一个星期六的下午，一位律师（他的办公室和拿破仑·希尔的老板的办公室在同一栋大楼的同一层）走进来问拿破仑·希尔，他到哪儿能找到一位速记员来帮下忙，因为他有些工作必须在当天做完。

拿破仑·希尔对他说，他们公司所有的速记员都去观看球赛了，如果他晚来 5 分钟，连自己也已经走了。但拿破仑·希尔很高兴留下来替他工作，因为拿破仑·希尔可以在另外的任何日子里去看球赛，而他的工作

197

你在为谁工作

却必须在当天完成。拿破仑·希尔替他做完了这些工作。他问拿破仑·希尔应该付他多少钱,拿破仑·希尔开玩笑地回答说:"哦,既然是你的工作,大约要 1000 元吧。如果是别人的工作,我是不会收取任何费用的。"他脸上露出微笑,向拿破仑·希尔道谢。

拿破仑·希尔这样回答时,纯粹只是开玩笑,并未想到这位律师是否会为了那天下午的工作而付自己 1000 美元。出乎拿破仑·希尔的意料,他竟然真的这样做了。6 个月之后,拿破仑·希尔已经完全忘掉此事了,他又来找拿破仑·希尔,问拿破仑·希尔当时的薪水是多少。

拿破仑·希尔把自己的薪水数目告诉他之后,他对拿破仑·希尔说,他将把拿破仑·希尔上次替他工作后开玩笑说出的那 1000 美元付给拿破仑·希尔,他请拿破仑·希尔到他的办公室工作,年薪比拿破仑·希尔当时的薪水要多出 1000 美元。

在那个周六的下午,拿破仑·希尔放弃了球赛,提供了一次服务,而这次服务,显然是出于乐于帮助他人的欲望,而不是基于金钱上的考虑。

拿破仑·希尔没有责任放弃他的周六下午,但是——那是他的特权。而且,那是一项有益的特权,因为它不仅为自己增加了 1000 美元的现金收入,而且为自己带来一个比以前更为重要的新职位。

第八章 努力付出，终会得到回报

人生寄语

内不愧心，外不负俗，交不为利，仁不谋禄，鉴于古今，涤情荡欲，何忧于人间之委屈？

——魏晋文学家 嵇康